国家自然科学基金委员会青年科学基金项目(51704085、51804086)
贵州省科技计划项目(黔科合基础［2018］1060)

转炉留渣双渣工艺技术研究

李翔　著

北　京
冶金工业出版社
2019

内容提要

本书重点介绍了脱磷阶段炉渣泡沫化及脱磷相关理论，为认识和完善留渣双渣工艺倒渣及脱磷技术提供指导。本书共7章，主要内容包括留渣双渣工艺脱磷及倒渣的基本知识、转炉脱磷工艺现状评价、脱磷阶段泡沫渣形成过程研究、泡沫渣形成时气泡夹带行为物理模拟研究、脱磷渣物相析出及与脱磷的关系、留渣双渣工艺冶炼技术以及结论与展望。

本书可供转炉炼钢的工程技术人员和研究人员阅读，也可供高等院校和高职院校有关师生参考。

图书在版编目(CIP)数据

转炉留渣双渣工艺技术研究/李翔著．—北京：冶金工业出版社，2019.6
ISBN 978-7-5024-8120-9

Ⅰ.①转…　Ⅱ.①李…　Ⅲ.①转炉钢渣—研究
Ⅳ.①TF71

中国版本图书馆CIP数据核字(2019)第105373号

出版人　谭学余
地　　址　北京市东城区嵩祝院北巷39号　邮编　100009　电话　(010)64027926
网　　址　www.cnmip.com.cn　电子信箱　yjcbs@cnmip.com.cn
责任编辑　杜婷婷　美术编辑　郑小利　版式设计　禹蕊
责任校对　李　娜　责任印制　李玉山
ISBN 978-7-5024-8120-9
冶金工业出版社出版发行；各地新华书店经销；三河市双峰印刷装订有限公司印刷
2019年6月第1版，2019年6月第1次印刷
169mm×239mm；10.25印张；201千字；156页
52.00元

冶金工业出版社　投稿电话　(010)64027932　投稿信箱　tougao@cnmip.com.cn
冶金工业出版社营销中心　电话　(010)64044283　传真　(010)64027893
冶金工业出版社天猫旗舰店　yjgycbs.tmall.com
（本书如有印装质量问题，本社营销中心负责退换）

前　言

当前，钢铁行业正向着绿色、节能、低成本、高质量等方向发展。为适应钢铁行业发展需求，国内钢铁企业近年来相继开发了转炉留渣双渣工艺，该工艺能显著降低转炉渣料消耗，从而降低生产成本，并减少钢渣等废弃物排放，是一种具有广阔发展前景的转炉炼钢脱磷新技术。该工艺利用上炉终渣替代本炉部分石灰等渣料，从而实现减少渣料消耗的目的，但终渣替代石灰随之带来的炉内渣量大、倒渣负担重、倒渣铁损大、炉渣成分如何控制等问题，成为制约该技术发展的难题。

本书通过统计工业生产数据、现场取样、物理模拟、热态实验、工业生产验证等方法，系统地研究了留渣双渣工艺生产中存在的主要问题，即倒渣量的控制、倒渣铁损的影响因素、炉渣成分的控制等，取得了一系列重要的研究成果。

第一，本书阐述了脱磷阶段结束倒渣时泡沫渣的形成过程。钢液中碳氧反应形成的 CO/CO_2 气泡在浮力的作用下，从钢液进入渣中，气泡之间相互碰撞、合并，同时气泡间的渣液不断析液，气泡在浮力及下方新生成气泡的抬挤下不断上升，上方的气泡数量由于合并等因素越来越少，大气泡越来越多，渣液越来越少，下方由于大量小气泡未来得及合并，气泡数量相对更多，渣液量也较多。最终，形成了上部大气泡多、渣液少孔隙率高、下部小气泡多、渣液相对更多孔隙率低的泡沫渣。

第二，本书探讨了获得更大倒渣量的控制方法。增加碳氧反应速率有利于增加泡沫渣的高度，从而使泡沫渣体积增加获得更大倒渣量，另外，通过快速倒渣也能获得更大倒渣量。

第三，本书提出了气泡夹带是造成倒渣铁损大的主要原因，并通过物理模拟实验总结出了气泡夹带的经验公式。夹带率 M 是关于黏度比$\frac{\eta_s}{\eta_d}$、密度比$\frac{\rho_d}{\rho_s}$ Eotvös 数的函数 $M=1.6Eo_b^{1.37}\left(\frac{\eta_s}{\eta_d}\right)^{-3.87}\left(\frac{\rho_s}{\rho_d}\right)^{1.65}$。

第四，本书深入研究了炉渣物相组成及磷在渣中的分配行为，论证了最优的炉渣碱度控制范围。炉渣由基体相、富磷相及富铁相三相组成。其中，基体相主要由 $Ca_3MgSi_2O_8$ 相及 $Ca_2Fe_2O_5$ 相组成，另外还含有少量的磷和铁；渣中的磷主要以 C_2S-C_3P 固溶体形式存在于富磷相中；渣中的铁主要存在于富铁相中。从炉渣物相的角度分析，适宜的炉渣脱磷碱度为1.5～2.0。

第五，本书制定了工业生产条件下留渣双渣工艺的关键控制措施，并已在实践中取得了良好的经济效益。

本书主要由贵州理工学院李翔博士撰写，贵州大学的王林珠博士参与了本书内容的校对；本书由国家自然科学基金委员会青年科学基金项目（51704085、51804086）、贵州省科技计划项目（黔科合基础[2018]1060）资助出版，在此一并表示衷心的感谢。

由于作者水平所限，书中不妥之处，恳请读者批评指正。

作 者

2019年2月

目　录

留渣双渣工艺脱磷及倒渣的基本知识

1.1 炼钢脱磷工艺的发展过程

磷在钢中是以 [Fe_3P] 或 [Fe_2P] 形态稳定存在的。钢中磷对绝大多数钢种来说有害，磷能显著降低钢的低温冲击韧性，增加钢的强度和硬度，即冷脆性。而且，磷在钢中的偏析比较严重，容易使钢的局部组织异常，造成力学性能不均匀，磷还会引起腐蚀疲劳和焊接开裂。当然，钢中的磷也可以细化晶粒，提高钢材的抗拉强度和屈服强度；磷可以显著改善普通钢的抗腐蚀性能以及改善钢水的流动性，在军事上常常利用磷的脆性制作炮弹钢以提高其杀伤力。

钢中磷含量越低，钢材的使用性能越好，磷对钢材的危害很难通过热处理的方式消除，若减小磷对钢材的危害，必须降低钢材磷含量，为了达到更低的磷含量，国内外各大钢铁企业开发了大量脱磷工艺。

1.1.1 国外炼钢脱磷工艺的发展

日本钢铁企业在全球钢铁行业具有举足轻重的地位，20 世纪 50 年代以来，日本成为了全球钢铁技术的研发中心，由于各企业原始设备的差异及产品品种的区别，日本各大钢铁企业在 20 世纪 80 年代后依据自身的装备条件及产品需求开发了大量新式炼钢方法，研究国外转炉炼钢脱磷工艺，首先要了解日本各大钢铁企业在转炉炼钢领域的发展情况。

新日铁是日本第一大钢铁联合企业，该企业有八幡厂、君津厂、名古屋厂、大分厂等炼钢厂，该企业发明的炼钢脱磷工艺有 ORP 法、MURC 法和 LD-ORP 法。日本钢铁工程控股公司（JFE）是日本第二大钢铁联合企业，该企业由川崎制铁公司和日本钢管公司（NKK）于 2002 年合并而成，其主打产品为汽车面板，该企业发明的转炉炼钢脱磷技术有 LD-NRP 法。神户制钢（KOBELCO）是日本第三大钢铁联合企业，其主要产品有工程机械用钢和轴承钢等，神户制钢发明的转炉炼钢脱磷技术为 H 炉炼钢法。住友金属公司同样是日本的大型钢铁联合企业，该公司的主要产品为钢管和工程机械用钢材，该公司发明的炼钢脱磷工艺有 SARP 及 SRP 法。

1.1.1.1 铁水预处理脱磷技术

铁水预处理技术是基于冶炼极低杂质（P、S）的高级优质钢，降低原材料消耗，降低冶炼生产成本的条件下建立起来的一种炉外处理技术。它的出现把传统的炼钢工艺（即在一个反应器中完成几个热力学条件相互矛盾的化学反应）分为几个容器进行，使得每一反应都具有特定的热力学及动力学条件，解放了转炉炼钢，大大提高了生产效率。

铁水预处理脱磷工艺根据熔剂加入方式的不同，可分为两种：一种是喷粉法，用氮气或空气输送，用喷枪将粉剂喷入熔池底部；另一种是底部吹气法，将熔剂加在铁水表面上，炉底通过透气砖吹 N_2 搅拌。实践表明，喷粉法要比底部吹气法的脱磷、脱硫率高，磷的分配比 L_P 大，渣中 TFe 少。根据所用容器的不同，可分为两种：一种是在盛铁水的铁水包或鱼雷车中进行脱磷；另一种是在转炉内进行铁水脱磷预处理。这两种方法在工业上均得到了实际的应用。

A 铁水包或鱼雷罐车内铁水脱磷预处理技术

日本住友金属鹿岛厂开发了“住友碱精炼法”（SARP），其工艺流程图 1-1 所示，工艺过程为：铁水流入鱼雷罐车后，先喷吹烧结矿粉进行脱硅处理，用真空吸渣法排除脱硅渣后，喷入苏打粉进行脱磷脱硫处理，处理后铁水［P］≤0.01%，［S］≤0.003%，再用真空吸渣法吸出脱磷脱硫渣。这种方法的效率高，在生产低磷钢时，精炼成本较低，但缺点是在处理过程中产生大量烟雾，钠的损失大且会污染环境。

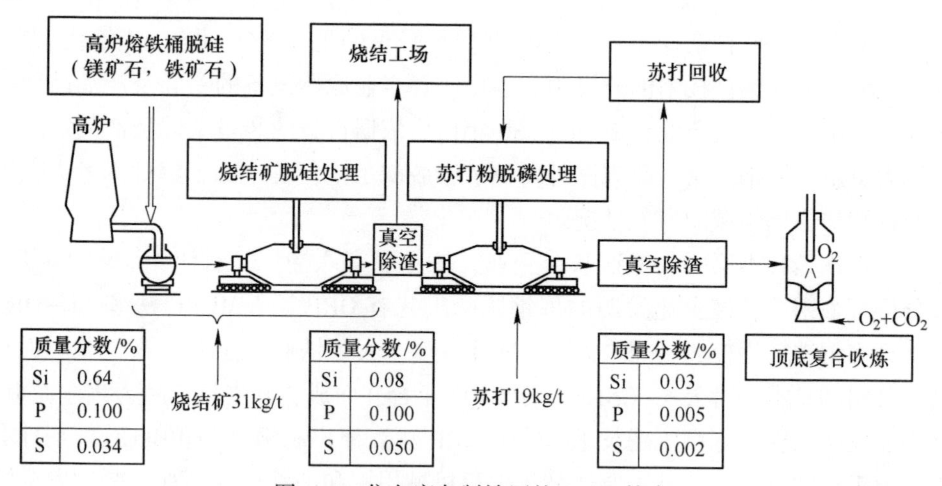

图 1-1 住友鹿岛制铁厂的 SARP 技术

20 世纪 80 年代初，为了生产低磷、超低磷钢，新日铁君津开发了石灰系熔剂精炼的最佳精炼工艺技术（Optimizing Refining Process），此工艺把过去传统转炉进行的脱硅、脱磷、脱硫以及脱碳的工序分为3个阶段进行，其目的是使各工序在最佳热力学条件下进行冶炼。其工艺过程如下：首先在高炉铁水沟进行脱硅预处理，加入脱硅剂27kg/t，处理后使铁水中硅含量（质量分数）由0.5%降至0.15%；然后待渣铁分离后，铁水装入鱼雷罐车进行脱磷、脱硫处理，喷吹石灰熔剂成分为：28kg/t石灰、18kg/t轧钢皮、2.5kg/t CaF_2 和2.5kg/t $CaCl_2$；在将处理后铁水注入转炉，在转炉内进行脱碳升温。该方法效率高，生产成本较低，但缺点是在处理过程中产生大量烟雾，钠的损失大且会污染环境，没得到大规模推广使用。其具体的工艺流程如图1-2所示。

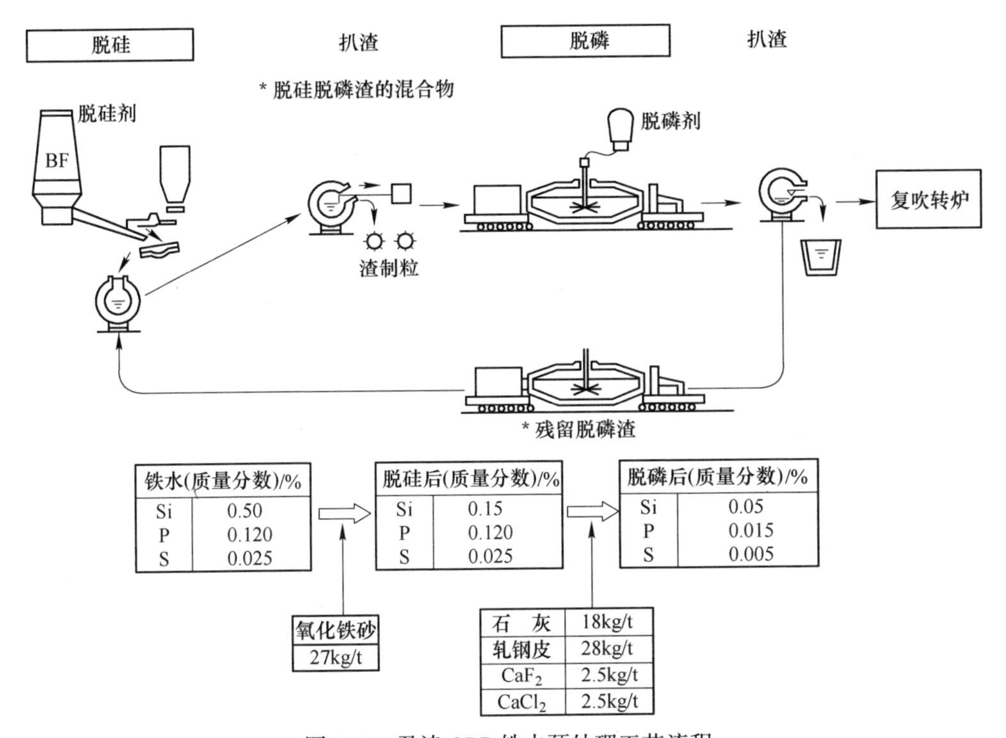

图1-2　君津ORP铁水预处理工艺流程

其他厂家如日本川崎千叶厂和水岛厂、日本钢管京滨厂等也采用了与之类似的方法处理铁水。应该指出，采用这种方法由于脱磷过程中的温降较大，通常需要吹氧来补偿温降，川崎水岛厂采用氧气喷吹脱磷剂工艺。

B　铁水包或鱼雷罐车内铁水脱磷预处理的特点

脱磷直接在铁水包或鱼雷罐车内进行，无需换包操作，处理过程渣量少，生产效率提高，使实现高效低成本洁净钢生产成为可能。但是脱磷过程中铁水的温降较大，通常需要吹氧来补充温降，补偿温降时喷溅比较严重，而且铁水包或鱼雷罐车的容积小，反应较慢，效率低。

1.1.1.2 转炉炼钢脱磷工艺的发展

A 新日铁公司开发的 LD-ORP 工艺

LD-ORP 工艺的特点是将一台转炉的冶炼工作分开在两个转炉内完成，第一台转炉的主要冶炼任务是完成铁水脱磷，之后出钢，并将冶炼后的半钢兑入第二台转炉，在第二台转炉完成脱碳工作，该工艺在国内又称双联转炉炼钢工艺。其优点是第一台转炉脱磷时铁水温度低，充分利用低温有利于脱磷的热力学条件，同时第一台转炉倒出半钢后能将脱磷渣与半钢钢水分离，避免了第二台转炉脱碳冶炼时回磷现象的发生。因此，该工艺能达到很高的脱磷率。

新日铁的名古屋厂在使用该脱磷工艺时的主要技术指标有：

（1）铁水所占比例超过98%，即几乎为全铁水冶炼；

（2）转炉的装入量约300t；

（3）脱磷阶段处理时间约10min，脱磷转炉氧气消耗为8～12m^3/t，脱磷炉顶吹氧枪供氧强度为0.05～0.1m^3/(t·min)；

（4）渣料加入量，脱磷炉在转炉上方加入顶渣料 CaF_2 和 CaO，其中 CaF_2 为1～2kg/t，CaO 加入量为8～10kg/t，底吹氮气并加入 $CaCO_3$，氮气流量控制在0.05～0.1m^3/(t·min)，$CaCO_3$ 加入量控制在10～15kg/t。

脱碳炉底吹渣料 CaO 加入量为6～10kg/t，氮气流量控制在0.05～0.1m^3/(t·min)。该工艺能大幅降低 CaO 和 $CaCO_3$ 加入量，减少钢铁料消耗，降低生产成本，LD-ORP 工艺流程图如图1-3所示。

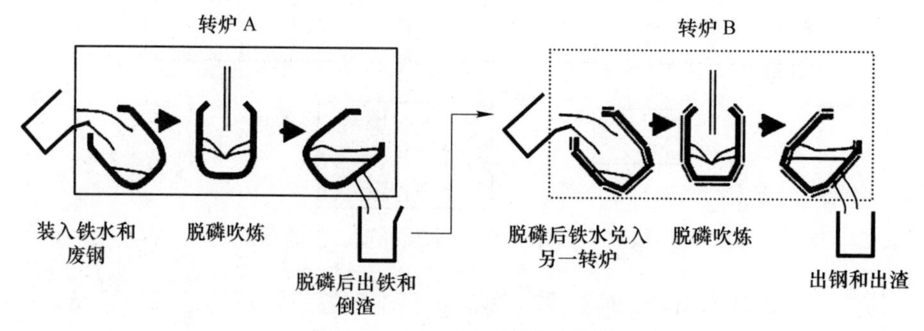

图1-3 LD-ORP 工艺示意图

该工艺在新日铁名古屋厂开发成功后，立即推广到新日铁八幡厂和新日铁君津厂。新日铁八幡厂设有2个炼钢厂，其中一炼钢厂由于设备及原料等因素，其炼钢工艺仍然为传统的脱磷、脱硫及脱碳“三脱”工艺，其2座转炉装入量为170t，二炼钢厂有2座装入量为350t的转炉，LD-ORP 工艺在这两台转炉成功生产，并取得了显著的经济效益。

君津厂下设一炼钢厂和二炼钢厂，其中一炼钢厂有3台装入量为230t的顶底复吹转炉，二炼钢厂转炉装入量更大为300t，共有2台，同样为顶底复吹转炉。2个炼钢厂都是用KR法对铁水进行脱硫预处理，脱硫预处理后铁水中的硫含量（质量分数）降低到0.002%以下。二炼钢厂2台300t转炉使用LD-ORP工艺生产，其技术特点为：

（1）脱磷炉炉渣碱度控制在1.5～2.0，脱磷阶段结束半钢温度控制在1320～1350℃；

（2）脱磷阶段采用小供氧流量吹氧，脱磷阶段吹氧时间控制在9～10min，脱磷阶段总冶炼周期在20min左右；

（3）经过脱磷炉脱磷处理后半钢中磷含量（质量分数）降低到0.020%以下，出钢之后即可进入脱碳阶段冶炼；

（4）脱碳阶段采用小渣量操作，冶炼周期在30min左右，脱磷炉和脱碳炉总冶炼周期约50min。

表1-1为日本主要钢铁企业使用LD-ORP工艺生产指标，可见脱磷炉吹炼时间基本在10min左右，大部分钢厂脱磷炉脱磷后半钢中磷含量（质量分数）可控制在0.012%以下，达到了很好的脱磷效果。

表1-1　日本大型钢铁厂LD-ORP生产指标

厂家	脱磷吹炼时间/min	脱磷后温度/℃	脱磷后磷成分/%	脱碳熔炼时间/min	脱碳吹炼时间/min
住友歌山县厂	10～12	1300～1350	≤0.01	20	9
住友鹿岛厂	8	1350	—	30	14
新日铁君津厂	9～10	1320～1350	≤0.02	30	12
JFE京滨厂	12	1350	≤0.01	—	—
JFE福田厂	8～10	1350	≤0.012	25～27	11～13

B　新日铁公司开发的MURC工艺

MURC（Multi-Refining Converter）工艺流程如图1-4所示，该工艺与留渣双渣工艺冶炼流程极为相似，该工艺最早于2001年在新日铁的8t转炉实验，实验成功后在新日铁公司的八幡、室兰、大分、君津等各大炼钢厂推广使用。

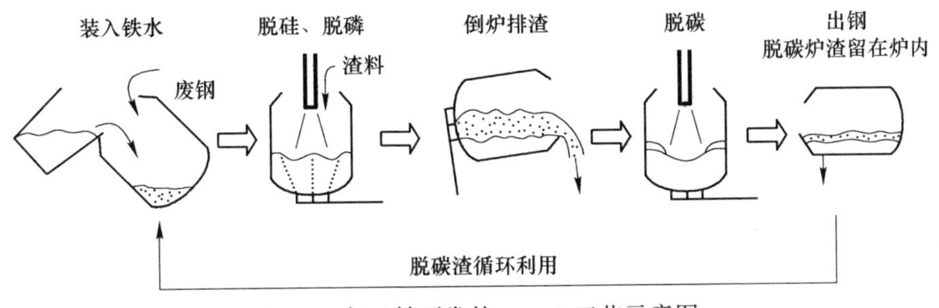

图1-4　新日铁开发的MURC工艺示意图

MURC 工艺冶炼流程是：整个冶炼过程在同一台转炉内完成，将冶炼过程分为两个阶段，第一阶段加入一定的渣料，完成脱硅和脱除大部分磷的任务，第一阶段冶炼结束将炉渣倒出，倒渣量一般能达到炉内渣量的 50%，倒渣结束后进入第二阶段，即脱碳阶段，脱碳阶段加入少量渣料，碳含量和温度达到出钢要求时即可出钢，出钢结束后将脱碳渣留在炉内，作为下一炉第一阶段吹炼的初渣使用。该工艺的技术特点是：

（1）控制炉渣碱度（CaO/SiO_2），碱度一般低于 2，控制渣中全铁含量，全铁含量一般不超过 8%；

（2）提高废钢比，废钢比可超过 20%；

（3）第一阶段冶炼结束半钢温度控制在 1350℃以下。

该工艺能显著降低石灰等渣料使用量，可达 40% 以上，并能大幅减少转炉渣量，同时相对原工艺脱磷效果无明显变化，可达到高效脱磷的目的，目前该技术冶炼的钢水量已超过新日铁钢水产量的 50%。

第一阶段吹炼结束倒渣是 MURC 工艺最突出的特点，将炉渣倒出后可防止脱碳阶段回磷，反之，如果倒渣量少，或倒渣量不稳定，会严重恶化脱碳阶段冶炼条件，出现回磷、供氧时间增加等问题。因此，控制第一阶段冶炼结束后倒渣量是 MURC 工艺的关键环节，一般情况下在脱磷阶段结束炉渣会出现泡沫化趋势，利用炉渣的泡沫化实现倒渣是 MURC 工艺的技术难点，目前对于炉渣泡沫化相关技术的研究鲜有报道。

C 日本钢铁工程控股公司（JFE）开发的 LD-NRP 工艺

日本钢铁工程控股公司福山制铁所第三炼钢厂有 2 台出钢量达 320t 的转炉，LD-NRP 工艺主要应用在这 2 台转炉，LD-NRP 工艺与新日铁的 LD-ORP 工艺基本一致，同样是将一台转炉的冶炼工作分开在两个转炉内完成，第一台转炉为脱磷炉，主要冶炼任务是完成铁水脱磷，之后出钢，并将冶炼后的半钢兑入第二台转炉，第二台转炉为脱碳炉，完成脱碳工作，不同之处在于技术参数的区别。

LD-NRP 工艺的主要技术参数为：

（1）铁水预处理脱硅后进入脱磷炉冶炼，入炉铁水磷含量（质量分数）一般不超过 0.11%，脱磷炉冶炼结束半钢中磷含量（质量分数）降低到 0.025% 以下；

（2）脱磷炉氧枪供氧强度控制在 30000m^3/h，底吹气体为氮气和氩气，底吹气体流量控制在 3000m^3/h，石灰使用量控制在 10～15kg/t；

（3）脱磷炉铁水占比为 90%～93%，供氧时间在 10min 左右；

（4）炉龄一般不超过 7000 炉，炉役前期（<4000 炉）作为脱碳炉使用，炉役后期（4000～7000 炉）作为脱磷炉使用，脱磷炉和脱碳炉交叉使用；

（5）脱碳炉石灰使用量控制在 5～6kg/t；

(6) 由于渣料加入量少，转炉冶炼终点控制水平提高，钢铁料消耗大幅降低，经测算与原有技术相比，吨钢成本下降了5美元。

此外，日本钢铁工程控股公司京滨炼钢厂也同样开发了LD-NRP。日本钢铁工程控股公司福山制铁所第三炼钢厂LD-NRP脱磷工艺技术要点见表1-2。

表1-2 JFE LD-NRP脱磷工艺技术要点

指标名称	脱磷炉指标	脱碳炉指标
吹炼时间	10min	—
废钢比	7% ~10%	—
底吹气体流量	3000Nm^3/h	—
氧气流量	30000Nm^3/h	—
铁水硅含量	0.2% ~0.4%	—
铁水温度	1280 ~1350℃	—
石灰消耗	10 ~15kg/t	5 ~6kg/t
炉龄	—	约7000炉

D 神户制钢（KOBELCO）的“H炉”

KOBELCO公司开发的H炉脱磷工艺（Hot metal pretreatment furnace）流程为：在高炉出铁时向铁水沟中喷吹氧气，脱除铁水中大部分硅并将铁水中的炉渣与铁水分离，之后将铁水兑入H炉，先喷吹石灰等渣料，并顶吹氧脱磷，脱磷结束后喷吹碳酸钠粉进行脱硫冶炼，H炉处理完毕后将半钢兑入转炉进行脱碳冶炼，H炉脱磷工艺流程如图1-5所示。

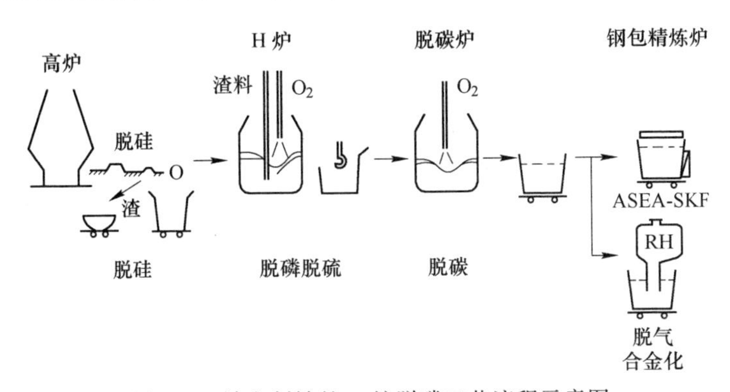

图1-5 神户制铁的H炉脱磷工艺流程示意图

KOBELCO公司的H炉脱磷工艺有以下优点：

(1) H炉不同于转炉，其容量更大，并能获得更好的搅拌条件，脱磷、脱硫动力学条件更好；

(2) 对渣料条件要求低，可使用大块石灰，并可回用脱碳转炉炉渣；

(3) 可使用锰矿脱磷，并能增加钢液中的锰含量，降低转炉出钢合金化时锰合金的使用量。

E 住友金属公司开发的SRP工艺

住友金属公司鹿岛厂有两座炼钢厂，其中一炼钢厂有3台出钢量为250t的顶底复吹转炉，二炼钢厂有2座出钢量为250t的顶底复吹转炉，该公司开发的SRP (Simple Refining Process) 工艺主要在一炼钢厂使用。SRP工艺与新日铁的LD-ORP工艺相似，将一炼钢的一台转炉用于脱磷，另外两台转炉为脱碳炉，完成脱碳工作，同样脱碳转炉炉渣可在脱磷炉回用，不同之处在于技术参数的区别，其主要技术指标见表1-3。

表1-3 住友金属公司脱磷炉和脱碳炉技术指标

指标名称	脱磷炉	脱碳炉
炉容量	250t	250t
吹炼时间	8min	14min
冶炼周期	22min	30min
废钢比	10% (轻废钢)	—
出铁温度	1350℃	—
顶吹量	O_2[1.0~1.3Nm^3/(t·min)]	O_2[2.0~2.7Nm^3/(t·min)]
底吹量	CO_2[0.05~0.20Nm^3/(t·min)]	CO_2[0.05~0.20Nm^3/(t·min)]
吹炼时间	8~10min	13~18min
渣的组分	BOF渣-(Fe基)-CaO-萤石30~60kg/t	CaO-MgO 10~20kg/t
渣量	40kg/t	20kg/t (以干渣方式回收)
锰矿用量	—	15kg/t (锰回收率30%~40%)

SRP工艺炼钢脱磷的主要技术特点：

(1) 可使用高磷铁水，铁水中磷含量在0.18%以下即可，降低了铁水的生产成本；

(2) 可使用锰矿脱磷，并能增加钢液中的锰含量，降低转炉出钢合金化时锰合金的使用量；

(3) 生产节奏快，可匹配高拉速连铸机，提高产量；

(4) 脱磷率高，可生产低磷钢 [磷含量 (质量分数) 小于0.010%] 甚至超低磷钢 [磷含量 (质量分数) 小于0.005%]。

1.1.2 国内炼钢脱磷工艺的发展

我国钢铁厂的装备条件与国外钢铁厂有明显区别，国内炼钢脱磷工艺研究主要在转炉内进行，长期的总结摸索中，探索了一些适合本厂技术装备的转炉炼钢脱磷工艺，传统的转炉炼钢脱磷工艺有单渣法和双渣法，目前又开发了双联工艺和留渣双渣工艺等转炉炼钢技术。

1.1.2.1 单渣工艺

单渣工艺，顾名思义即冶炼过程中只造一次渣，该工艺在吹炼初期加入大部分造渣料包括石灰、白云石等，吹炼后期根据实际情况补加少量造渣料。其主要工艺流程为溅渣护炉→倒渣→装入废钢→装入铁水→吹炼→出钢，如此循环，如图1-6所示。该工艺操作简单，便于自动化生产，目前已有大量钢厂在此炼钢工艺基础上开发了自动化炼钢技术，可以说单渣法是目前国内应用最广泛的转炉炼钢脱磷技术。但该工艺也有明显的缺点：脱磷效果相对较差，冶炼低磷钢种困难。近年来，随着冶炼水平、原材料质量的提高单渣法在脱磷效果上取得了一些明显的进步，相关报道也是层出不穷。

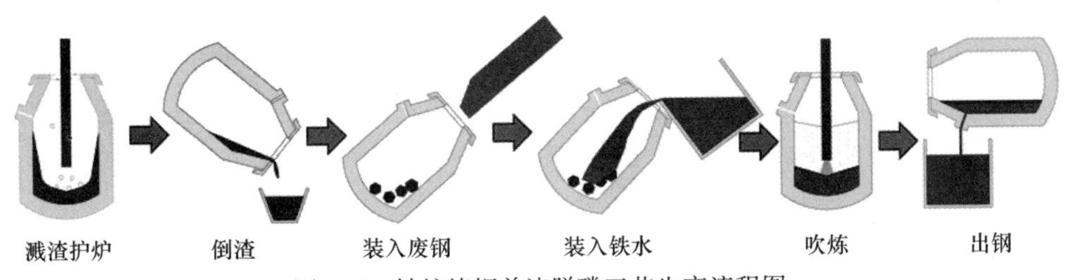

图1-6 转炉炼钢单渣脱磷工艺生产流程图

鞍山钢铁公司对单渣法做了以下改进，达到了较好的脱磷效果，主要包括：

（1）丰富了造渣料的品种，在原先主要是石灰+白云石+铁皮球的基础上增加了铁矾土，并使用大块石灰，且控制炉内总渣量不小于80kg/t钢。

（2）严格控制钢液温度、炉渣碱度、氧化铁含量，炼钢结束钢液温度不超过1675℃，终点炉渣碱度不超过3.0，氧化铁含量（质量分数）不低于25%。

（3）调整氧枪供氧强度和氧枪枪位，吹炼前10min将氧枪供氧强度降低到2.4m^3/(t·min)，并高枪位操作，以利于提高渣中氧化铁含量，吹炼中后期将供氧强度提高到3.0m^3/(t·min)，吹炼过程中枪位变化为高-低-高-低模式。

（4）严格控制下渣量。通过以上技术优化，将转炉终点平均磷含量（质量分数）控制在0.0084%。

某钢厂120t顶底复吹转炉冶炼参数见表1-4，铁水原料条件见表1-5，其中铁水磷含量（质量分数）在0.14%~0.20%之间。

表1-4 某钢厂120t顶底复吹转炉冶炼参数

指标名称	数值
转炉公称容量/t	120

续表 1-4

指标名称	数值
供氧强度/$m^3 \cdot (min \cdot t)^{-1}$	3.65
炉容比/$t \cdot m^{-3}$	0.9
冶炼周期/min	32
吹氧时间/min	12～16
氧枪孔型	四孔拉瓦尔
冶炼枪位/mm	1200～1400
底吹强度/$m^3 \cdot (min \cdot t)^{-1}$	0.02～0.04

表 1-5　某钢厂 120t 顶底复吹转炉铁水条件

指标名称	数值
w(C)/%	4.0～5.0
w(Si)/%	0.30～0.75
w(Mn)/%	0.20～0.30
w(P)/%	0.140～0.200
w(S)/%	0.030～0.060
温度/℃	1220～1320

某钢厂对 120t 顶底复吹转炉做了如下技术优化：

（1）控制合适的底吹气体流量；

（2）提高吹炼过程中氧枪枪位；

（3）通过计算机炼钢技术计算钢水中碳含量，预测提枪时间，转炉终点碳含量命中率超过了 90%。

通过以上技术优化，该厂成功冶炼了要求转炉终点碳含量（质量分数）小于0.40%，且磷含量（质量分数）不超过0.020%的钢种。

某钢厂 180t 顶底复吹转炉铁水原料条件见表1-6，其中铁水磷含量（质量分数）在0.123%～0.22%之间。

表 1-6　某钢厂 180t 顶底复吹转炉铁水条件　（%）

指标名称	数值
w(Si)	0.14～0.43
w(Mn)	0.13～0.17
w(P)	0.123～0.22
w(S)	0.0013～0.0171

某钢厂 180t 顶底复吹转炉冶炼的技术方案是：

(1) 转炉开吹后前1.5min内将头批渣料加入炉内，包括100%轻烧白云石和70%以上的石灰，吹炼过程中根据炉内化渣情况择机加入剩余的石灰，但加入剩余石灰时必须保证化渣良好吹炼最后3min不再加入渣料，转炉终点炉渣碱度最优控制区间为3.2～3.6。

(2) 转炉吹炼前期到中期控制氧枪为高枪位，利于提高渣中氧化铁含量，促进化渣，吹炼中期保持枪位和氧压不变，后期降低枪位促进炉内搅拌，促进炉内反应均衡。

(3) 加入OG泥控制前期炉内升温速度，延长前期脱磷时间。

(4) 控制出钢下渣量，减少出钢后钢液回磷。

通过以上工艺优化，将转炉终点平均脱磷率提高到91.8%以上，甚至可以冶炼要求磷含量（质量分数）小于0.010%的钢种，见表1-7。

表1-7 某钢厂180t顶底复吹转炉铁水条件 (%)

指标名称	数值
铁水 $w(P)$	0.142(0.123～0.22)
终点 $w(P)$	0.0116(0.0079～0.0161)
平均脱磷率	91.83

此外，国内其他钢铁厂包括武钢、马钢、南钢、攀成钢等均报道了通过工艺改进单渣工艺取得的进展，单渣工艺在国内脱磷工艺中依然具有重要的地位。

1.1.2.2 双渣工艺

双渣工艺即冶炼过程中需要造两次渣，整个冶炼过程在一个转炉内完成。该工艺第一阶段加入大部造渣料，完成脱除大部分磷的任务，并在第一阶段末期将大部分脱磷渣从炉内倒出，第一阶段又称脱磷阶段，之后加入少量造渣料，造第二次渣，完成脱碳并脱除少量磷的任务，第二阶段又称脱碳阶段，其冶炼工艺流程如图1-7所示。双渣工艺相对单渣工艺具有脱磷效率更高的优点，该工艺主要用于冶炼磷含要求较低的钢种。近年来，国内钢铁厂通过优化原料条件，优化工艺参数等方法，使双渣工艺在脱磷率的指标上不断取得了新的进步。

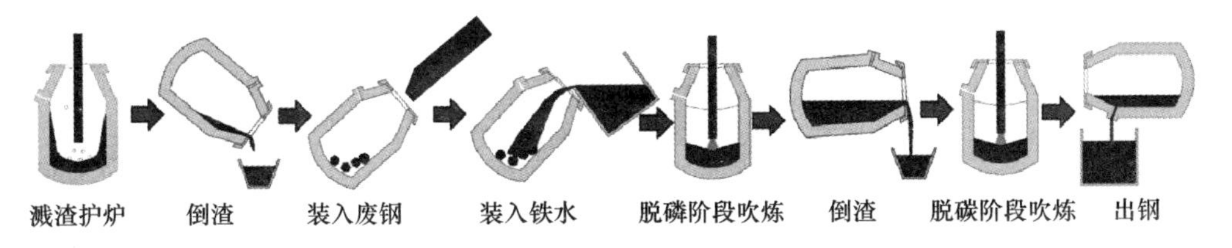

图1-7 转炉炼钢双渣脱磷工艺生产流程

某国内最大的民营钢铁企业之一，通过双渣工艺冶炼低磷钢种，冶炼铁水原料条件及180t 顶底复吹转炉冶炼工艺参数见表1-8 及表1-9。

表1-8 某钢厂180t 顶底复吹转炉铁水条件

指标名称	数值
w(C)/%	0.42～0.47
w(Si)/%	0.23～0.54
w(P)/%	0.07～0.09
w(Mn)/%	0.16～0.24
温度/℃	1321～1430

表1-9 某钢厂180t 顶底复吹转炉冶炼工艺参数

指标名称	吹炼第一阶段	吹炼第二阶段
顶吹氧流量/$m^3 \cdot t^{-1}$	35000	39000
底吹氩流量/$m^3 \cdot t^{-1}$	650	360
吹炼时间/min	3.7～5.1	8.8～9.8
石灰加入量/$kg \cdot t^{-1}$	8～16	10～26
球团加入量/$kg \cdot t^{-1}$	0～10	0～15
轻烧白云石加入量/$kg \cdot t^{-1}$	0	9～14

该厂对180t 顶底复吹转炉双渣冶炼工艺优化，取得了良好的脱磷效果，其生产过程中的控制要点为：

(1) 在脱磷阶段控制较低的炉渣碱度1.5～2.2，氧枪供氧强度平均为$14Nm^3/t$，渣中氧化铁含量（质量分数）控制在15%～20%；

(2) 脱碳阶段同样具备一定的脱磷能力，且脱磷率随着炉渣碱度的增加而提高，沙钢根据自己的品种结构将脱碳阶段炉渣即终渣碱度控制在4.0 以上，另外适当提高终渣中氧化铁含量同时降低终点温度。

该厂入炉铁水中磷含量（质量分数）范围为0.07%～0.09%，转炉终点钢水中平均磷含量（质量分数）为0.0042%，可以冶炼磷含量（质量分数）要求水大于0.007%的钢种。

某钢厂分别在100t、180t、260t 顶吹或顶底复吹转炉进行了双渣工艺深脱磷规律研究，其铁水原料条件见表1-10。

表1-10 某钢厂转炉铁水条件

指标名称	最大值	最小值	平均值
w(C)/%	4.57	3.59	4.13

续表 1-10

指标名称	最大值	最小值	平均值
w(Si)/%	0.90	0.18	0.48
w(Mn)/%	0.740	0.014	0.117
w(P)/%	0.097	0.040	0.064
w(S)/%	0.210	0.002	0.087
温度/℃	1379	1203	1303

该公司在冶炼低磷钢种时对原双渣工艺进行了技术革新，包括：

(1) 稳定转炉操作，选择硅含量合适的铁水，入炉铁水中硅含量（质量分数）控制在0.30%~0.80%之间。

(2) 第一阶段吹炼结束半钢温度控制在1300~1350℃之间，将第一阶段炉渣碱度提高到2.5~3.0之间。

(3) 第二阶段结束钢液出钢温度不高于1680℃，终渣碱度大于3.0，氧化铁含量（质量分数）大于25%。

上述技术要点应用后，其入炉铁水平均磷含量（质量分数）为0.064%，转炉出钢时钢液中的平均磷含量（质量分数）能达到0.0062%的水平，见表1-11。

表1-11 某钢厂双渣工艺脱磷试验结果 （$\times10^{-6}$）

指标名称	100t 转炉	180t 转炉	260t 转炉
半钢 w(P)	260(110~500)	261(140~490)	210(120~400)
终点 w(P)	63(40~100)	51(20~95)	62(50~70)
成品 w(P)	85(55~105)	63(40~160)	91(70~120)
试验炉数	55	42	11

某钢厂70t顶底复吹转炉进行了双渣工艺脱磷实践研究，其铁水原料条件见表1-12，其造渣料原料条件见表1-13。

表1-12 某钢厂转炉铁水条件

指标名称	范围	平均值
w(C)/%	4.13~5.02	4.55
w(Si)/%	0.10~1.27	0.45
w(Mn)/%	0.14~0.72	0.23
w(P)/%	0.12~0.23	0.18
w(S)/%	0.006~0.050	0.022
温度/℃	1264~1360	1306

表 1-13 某钢厂转炉造渣料条件

指标名称	石灰	轻烧白云石
$w(CaO)$/%	≥85.00	≥45.00
$w(SiO_2)$/%	≤3.50	—
$w(MgO)$/%	—	≥30.00
$w(S)$/%	≤0.060	≤0.045
$w(P)$/%	—	≤0.030
活性度/mL	≥250.0	—
灼减/%	≤10.0	≤7.0

某钢厂 70t 顶底复吹转炉双渣法技术要点为：

（1）第一阶段吹炼结束半钢温度控制在 1400～1450℃之间，将第一阶段炉渣碱度降低到 1.5～2.0 之间，渣中氧化铁含量（质量分数）控制在 10%～15%之间。

（2）脱碳阶段同样具备一定的脱磷能力，且脱磷率随着炉渣碱度的增加而提高，根据自己的品种结构将脱碳阶段炉渣即终渣碱度控制在 3.8～4.2 之间，另外控制终渣中氧化铁含量（质量分数）在 20%～25%之间，控制终点温度不高于 1650℃。

上述技术要点应用后，其入炉铁水磷含量（质量分数）范围为 0.12%～0.23%，平均磷含量（质量分数）为 0.18%，转炉出钢时钢液的脱磷率超过了 90%。

某钢厂 120t 顶底复吹转炉进行了双渣工艺脱磷试验研究，其铁水原料条件见表 1-14，吹炼氧枪喷头主要参数见表 1-15。

表 1-14 某钢厂转炉铁水条件 （%）

指标名称	平均值
$w(C)$	3.70
$w(Si)$	0.20
$w(Mn)$	0.13
$w(P)$	0.071
$w(S)$	0.013
$w(V)$	0.045
$w(Ti)$	0.001

表 1-15 某钢厂转炉氧枪喷头主要参数

指标名称	平均值
喷头形式	组合式

续表 1-15

指标名称	平均值
孔数	周边 4 孔
喉口直径/mm	33.5
喷孔夹角/(°)	12
马赫数	1.9

某钢厂 120t 顶底复吹转炉双渣工艺技术要点为：

（1）第一阶段吹炼结束半钢温度控制在 1420～1450℃之间，将第一阶段炉渣碱度提高到 2.5 左右。

（2）脱碳阶段攀钢根据自己的品种结构将终渣碱度控制在 4.5 左右。

（3）增加渣料使用量，将石灰+白云石吨钢消耗量增加到 60kg 以上。

（4）加强熔池搅拌，控制合适的底吹气体流量，吹炼时间按 9～11min 控制。

上述技术要点应用后，试验炉次钢液碳、磷含量及温度变化见表 1-16～表 1-18，其入炉铁水平均磷含量（质量分数）为 0.071%，转炉出钢时钢液的平均磷含量（质量分数）为 0.0081%，平均脱磷率为 88.3%，见表 1-19。

表 1-16　某钢厂双渣工艺试验炉次碳含量（质量分数）变化　（%）

试验炉次	铁水入炉	前期倒渣后	转炉拉碳	转炉终点
1	3.71	2.26	0.212	0.040
2	3.36	2.28	0.225	0.048
3	3.36	2.12	0.392	0.096
4	3.92	2.64	0.378	0.054
5	3.76	2.29	0.227	0.052
6	3.85	2.58	0.213	0.044
7	3.98	2.64	0.329	0.050
8	3.62	2.11	0.114	0.036
9	3.76	2.20	0.381	0.076
10	3.72	2.48	0.221	0.057
平均	3.70	2.36	0.269	0.055

表 1-17　某钢厂双渣工艺试验炉次磷含量（质量分数）变化　（%）

试验炉次	铁水入炉	前期倒渣后	转炉拉碳	转炉终点
1	0.075	0.051	0.009	0.0060
2	0.064	0.040	0.013	0.0100
3	0.082	0.035	0.012	0.0070

续表 1-17

试验炉次	铁水入炉	前期倒渣后	转炉拉碳	转炉终点
4	0.065	0.034	0.011	0.0090
5	0.070	0.047	0.009	0.0080
6	0.075	0.033	0.010	0.0090
7	0.075	0.030	0.012	0.0070
8	0.069	0.030	0.010	0.0080
9	0.067	0.030	0.012	0.0090
10	0.063	0.034	0.011	0.0080
平均	0.071	0.036	0.011	0.0081

表 1-18 某钢厂双渣工艺试验炉次温度变化 (℃)

试验炉次	铁水入炉	前期倒渣后	转炉拉碳	转炉终点
1	1287	1402	1656	1669
2	1315	1472	1675	1693
3	1366	1455	1659	1690
4	1308	1419	1625	1689
5	1322	1466	1648	1683
6	1318	1437	1680	1703
7	1320	1463	1669	1678
8	1296	1423	1685	1683
9	1325	1447	1659	1709
10	1319	1461	1664	1693
平均	1317	1445	1662	1689

表 1-19 某钢厂双渣工艺试验炉次脱磷率变化

试验炉次	前期倒渣后	转炉拉碳	转炉终点
1	0.320	0.880	0.920
2	0.375	0.797	0.844
3	0.573	0.854	0.914
4	0.477	0.831	0.862
5	0.328	0.871	0.886
6	0.560	0.867	0.880
7	0.600	0.855	0.884
8	0.551	0.855	0.884
9	0.552	0.821	0.866

续表 1-19

试验炉次	前期倒渣后	转炉拉碳	转炉终点
10	0.460	0.825	0.873
平均	0.479	0.844	0.883

某钢厂 120t 顶底复吹转炉进行了双渣工艺脱磷试验研究，其铁水原料条件见表 1-20。

表 1-20 某钢厂 120t 转炉铁水条件

指标名称	范围	平均值
w(Si)/%	0.312～0.907	0.510
w(Mn)/%	0.285～0.492	0.381
w(P)/%	0.099～0.165	0.133
w(S)/%	0.005～0.040	0.026
温度/℃	1260～1355	1299

该厂双渣工艺技术要点为：第一阶段炉渣碱度控制在 2.0 左右，全铁含量（质量分数）按 15% 控制，第一阶段吹炼结束倒渣时倒渣量可达炉内中渣量的 40%～60%，此时钢液平均脱磷率为 56%，部分炉次脱磷率可达 75% 以上。上述技术要点应用后，其入炉铁水平均磷含量（质量分数）为 0.13%，转炉出钢时钢液的平均磷含量（质量分数）为 0.011%，平均脱磷率接近 92%，见表 1-21，可稳定生产低磷钢种。

表 1-21 某钢厂 120t 转炉双渣工艺冶炼过程钢液磷含量及温度变化情况

指标名称	范围	平均值
铁水 [P]/%	0.099～0.165	0.133
一倒钢水 [P]/%	0.038～0.082	0.056
一倒钢水温度/℃	1378～1462	1416
一倒钢水脱磷率/%	38.52～75.14	57.89
终点钢水 [P]/%	0.005～0.018	0.011
终点钢水温度/℃	1589～1663	1628
终点钢水脱磷率/%	84.87～95.64	91.73

某钢厂 100t 顶底复吹转炉进行了双渣工艺开发，铁水原料条件见表 1-22。

表 1-22 某钢厂 100t 转炉铁水条件 （%）

指标名称	范围	平均值
w(Si)	0.16～1.50	0.494

续表 1-22

指标名称	范围	平均值
w(Mn)	0.41～0.79	0.562
w(P)	0.084～0.116	0.103
w(S)	0.002～0.065	0.018

该厂转炉双渣工艺技术要点为：

(1) 第一阶段吹炼时加强熔池搅拌，控制底吹气体流量 0.2m³/(t·min)，顶吹氧枪氧气流量控制在 2.0～2.7m³/(t·min)，平均吹炼时间 8.74min 左右。

(2) 第一阶段吹炼结束半钢平均温度在 1328℃左右，炉渣中 TFe 含量（质量分数）在 12%～16%之间，并降低炉渣碱度到 1.5 左右。

(3) 第一阶段吹炼结束钢液平均脱磷率为 67.3%。

上述技术要点应用后，其入炉铁水平均磷含量（质量分数）为 0.103%，转炉出钢时钢液的平均磷含量（质量分数）为 0.011%，其冶炼过程钢液成分及温度变化见表 1-23。

表 1-23　某钢厂 100t 转炉双渣工艺冶炼过程钢液成分及温度变化情况

指标名称	范围	平均值
一倒钢水 [C]/%	2.74～3.52	3.22
一倒钢水 [P]/%	0.031～0.052	0.0366
一倒钢水温度/℃	1308～1342	1328
一倒钢水脱磷率/%	65～70	67.3
一倒石灰用量/$kg \cdot t^{-1}$	22～34	30
终点钢水 [C]/%	0.08～0.21	0.113
终点钢水 [P]/%	0.008～0.018	0.011
终点石灰总用量/%	30～49	39

此外，南京钢铁厂、青岛钢铁厂、新余钢铁厂、舞阳钢铁厂等国内钢铁企业都报道了双渣工艺在钢厂的开发应用情况，该工艺是冶炼低磷钢种的一种重要工艺。

1.1.2.3　双联工艺

国内双联工艺的前身为新日铁公司开发的 LD-ORP 工艺，国内钢铁厂针对各厂的设备、原料条件，产品结构等做了大量技术改进。

为解决冶炼低磷或超低磷钢种脱磷难题，2002 年某钢厂开始自主开发双联工艺，该工艺称为 Baosteel BOF Refining Process，即 BRP 炼钢脱磷工艺，实验该工艺后，转炉终点磷含量（质量分数）低于0.015%，最低可达0.003%，平均值低于0.010%，主要用来冶炼帘线钢、汽车板、石油钻杆钢、石油或天然气管线钢等高附加值钢种。图1-8为该工艺流程示意图。

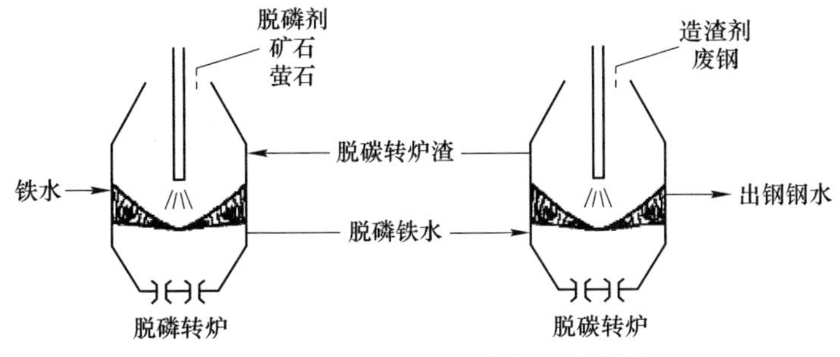

图1-8 某钢厂双联工艺流程示意图

某钢厂BRP工艺的特点与新日铁公司的LD-ORP工艺相似，同样是将一台转炉的冶炼工作分开在两个转炉内完成，第一台转炉的主要冶炼任务是完成铁水脱磷，之后出钢，并将冶炼后的半钢兑入第二台转炉，在第二台转炉完成脱碳工作。该工艺不仅能达到很高的脱磷率，同时由于脱磷炉具有优良的脱磷热力学条件，可显著降低石灰等渣料消耗的使用量，一般仅为传统单渣冶炼工艺的50%~70%，总渣量可控制在60kg/t以下，脱磷炉采用低氧气流量吹炼，平均吹炼时间为11min，由于转炉内搅拌条件更好，相对于传统鱼雷罐脱磷工艺脱磷效率更高，其主要技术参数见表1-24。

表1-24 某钢厂双联脱磷工艺技术要点

指标名称	脱磷炉	脱碳炉
容量	300t	300t
氧枪类型	专用脱磷氧枪和新型转炉副枪探头	常规氧枪或脱碳专用氧枪
顶吹工艺	极低流量极高枪位的共O_2模式和氮氧间隙吹炼	高枪位小流量顶吹O_2 [标态2.8~3.3m^3/(t·min)]
底吹工艺	合适的底吹供气强度为N_2 [标态0.05~0.15m^3/(t·min)]	合适的底吹供气强度为N_2 [标态0.05~0.15m^3/(t·min)]
渣料	BOF渣（$CaO-CaF_2$）：30~60kg/t	（$CaCO_3\cdot MgCO_3-MnO$）：10~20kg/t
吹炼时间	10~12min	≤15min
吹炼温度	1280~1350℃	1550~1680℃

某钢厂开展了大量的双联工艺试验，其脱磷炉脱碳炉冶炼铁水及半钢条件见表1-25，脱磷及脱碳炉造渣料消耗见表1-26，通过实验总结了双联冶炼工艺的生产特点：

（1）脱磷炉终渣中 TFe 含量（质量分数）极低，仅为 8.72%，脱碳炉终渣中 TFe 含量与常规工艺相当，为 18.92%。

（2）双联法相对传统工艺石灰和白云石消耗大幅度降低，分别下降 9.7kg/t 和 9.3kg/t。

（3）双联工艺与传统工艺碳氧积基本相同，在 0.0023～0.0024 之间。

表 1-25　某钢厂双联工艺脱磷和脱碳炉铁水及半钢条件

指标名称	范围	平均值
脱磷炉铁水 $w(C)/\%$	3.8～5.1	4.708
脱磷炉铁水 $w(Si)/\%$	0.34～0.50	0.417
脱磷炉铁水 $w(Mn)/\%$	0.14～0.71	0.239
脱磷炉铁水 $w(P)/\%$	0.082～0.101	0.091
脱磷炉铁水温度/℃	1275～1451	1388
脱碳炉半钢 $w(C)/\%$	3.0～4.0	3.547
脱碳炉半钢 $w(Si)/\%$	0～0.13	0.046
脱碳炉半钢 $w(Mn)/\%$	0.01～0.19	0.060
脱碳炉半钢 $w(P)/\%$	0.008～0.045	0.022
脱碳炉半钢温度/℃	1287～1380	1336

表 1-26　某钢厂双联工艺脱磷及脱碳炉造渣料使用情况　　(kg/t)

指标名称	范围	平均值
脱磷炉石灰用量	11.0～29.2	20.4
脱磷炉轻烧用量	0～11.3	5.1
脱磷炉萤石用量	0～5.7	2.3
脱磷炉矿石用量	0～16.4	4.1
脱碳炉石灰用量	5.3～33.7	22.0
脱碳炉轻烧用量	1.3～23.3	12.5
脱碳炉萤石用量	0～4.3	2.0
脱碳炉矿石用量	0～14.1	4.8

某钢厂在生产 65 高碳钢时对双联工艺展开了实践研究，其使用的铁水原料条件见表 1-27，脱磷炉控制要点为：

（1）顶吹氧强度、底吹供气强度分别为 2.0～2.7$m^3/(t \cdot min)$、0.25$m^3/(t \cdot min)$。

（2）石灰加入量及炉渣碱度分别为 33.3kg/t 和 1.51。

（3）温度控制在 1330～1351℃；可实现平均 67.7% 的脱磷率。

表 1-27　某钢厂铁水条件　（%）

指标名称	范围	平均值
w(Si)	0.13～0.84	0.42
w(Mn)	0.33～0.83	0.49
w(P)	0.065～0.105	0.088
w(S)	0.003～0.083	0.032

脱碳炉控制要点为：

（1）顶吹氧强度、底吹供气强度分别为 $4.0m^3/(t \cdot min)$、$0.13m^3/(t \cdot min)$。

（2）石灰加入量为 13.8kg/t；具体控制要点见表 1-28。在终点高拉碳（平均碳质量分数为 0.21%）的前提下实现平均磷含量（质量分数）0.013% 及 85.2% 的脱磷率。

表 1-28　某钢厂双联工艺脱磷及脱碳炉控制要点

指标名称	控制值
脱磷炉供氧强度/$m^3 \cdot (t \cdot min)^{-1}$	2.0～2.7
脱磷炉底吹强度/$m^3 \cdot (t \cdot min)^{-1}$	0.25
脱磷炉氧枪枪位/m	1.1～1.8
脱磷炉石灰加入量/$kg \cdot t^{-1}$	22～37
脱磷炉温度制度/℃	1320～1350
冶炼时间/min	7～10
脱碳炉供氧强度/$m^3 \cdot (t \cdot min)^{-1}$	4.0
脱碳炉底吹强度/$m^3 \cdot (t \cdot min)^{-1}$	0.13
脱碳炉氧枪枪位/m	2.0
脱碳炉石灰加入量/$kg \cdot t^{-1}$	10～16
脱碳炉造渣锰矿加入量/kg	4～6

另外，武钢、鞍钢、莱钢等钢铁企业都开展了大量的试验研究工作。该工艺脱磷率高，渣料用量少，产生的钢渣等废弃物排放少，对环境污染小，是一种绿色环保的炼钢工艺，是未来钢铁工业转炉炼钢脱磷工艺的发展方向之一。

1.1.2.4　留渣双渣工艺

虽然双联工艺具有脱磷效率高，渣料消耗少、生产成本低的优点，但该工艺前期投入大，对厂房布局要求高，目前在国内钢铁厂难以大范围推广。近年来，国内钢铁企业根据自身设备状况开发了留渣双渣工艺，该工艺的前身为新日铁公司的 MURC 工艺，该工艺利用现有厂房设备就可以应用，国内钢铁厂目前已得到了较大范围的推广。

我国冶金行业专家王新华、朱国森于 2013 年首先报道了留渣双渣工艺（首钢又称 Slag Generation Reduced Steelmaking，简称 SGRS 工艺）在首钢成功应用的生产情况。该工艺在首秦和首迁公司应用后，吨钢石灰使用量分别比原工艺下降了 48.4% 和 47.3%，白云石使用量分别下降了 70.0% 和 55.2%，转炉炼钢总渣量分别下降了 30.7% 和 32.6%，吨钢钢铁料消耗分别下降了 8.25kg 和 6.51kg，有效降低了转炉生产成本，提升了企业竞争力。

留渣双渣工艺冶炼工艺流程如图 1-9 所示，主要包括：

（1）通过溅渣护炉使炉渣固化，并确认炉渣是否固化。该操作的主要原因是上炉所留终渣中具有很高的氧化铁含量，在兑入铁水时氧化铁可与铁水中的碳发生脱碳反应，当炉渣为液态时碳氧反应剧烈，严重时可导致铁水爆发性喷溅，威胁炼钢工生命安全，因此液渣固化是留渣双渣工艺的重要环节。

（2）装入废钢，再兑入铁水，兑铁水速度开始时要慢，避免炉内碳氧反应剧烈。

（3）第一阶段脱磷阶段吹炼，吹炼结束后将脱磷渣从炉内倒出。

（4）第二阶段脱碳阶段吹炼，吹炼结束出钢，出钢结束留渣，留渣量依据炉内渣量确定，可能全部留渣也可能部分留渣。

由于该工艺使用上炉终点炉渣替代本炉石灰，能大幅度降低石灰、白云石等渣料使用量，但同时由于该工艺需要在溅渣护炉时将液渣固化，需要较长的溅渣时间，其冶炼周期高于传统炼钢工艺。

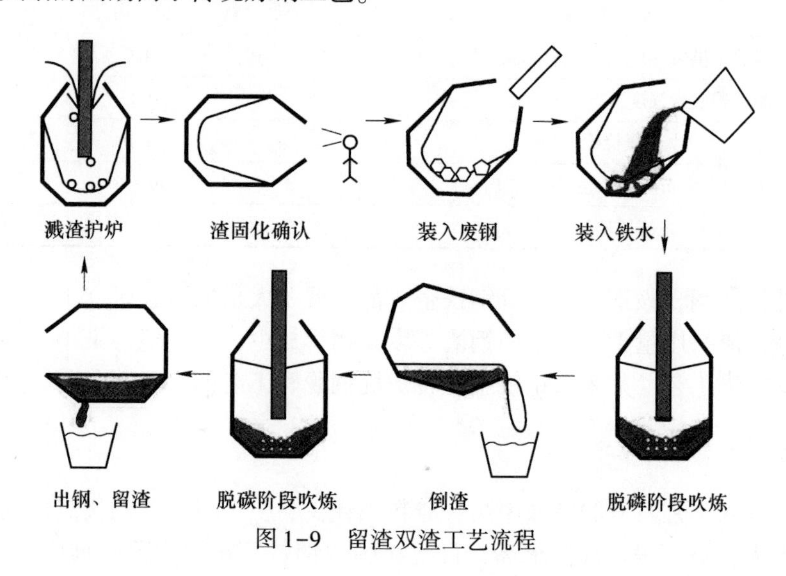

图 1-9　留渣双渣工艺流程

可见该工艺与新日铁公司开发的 MURC 几乎完全一样，如前所述该工艺第一阶段吹炼结束倒渣是最突出的特点，将炉渣倒出后可防止脱碳阶段回磷，反之，如果倒渣量少，或倒渣量不稳定，会严重恶化脱碳阶段冶炼条件，出现回磷、供氧时间增加等问题。新日铁在控制倒渣量时，重点研究了炉渣碱度对倒渣率的影响，如图 1-10 所示，碱度范围 B1 ~ B2 倒渣具有较高的倒渣率，但具体控制条件却鲜有报道。

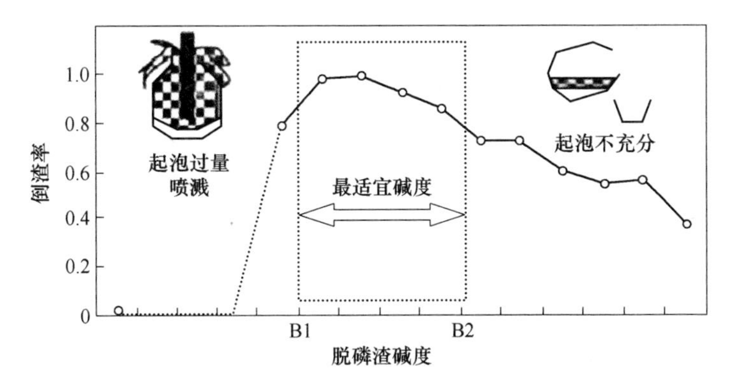

图 1-10 新日铁 MURC 工艺脱磷渣碱度和倒渣率的变化趋势图

首钢由于铁水磷含量［平均磷含量（质量分数）仅为 0.073%］，采用低碱度（1.3 ~ 1.5）和低 MgO 含量（质量分数）（≤7.5%）渣系，提高了泡沫渣的流动性，由于渣量小且流动性好，解决了足量倒渣的难题。但国内钢铁厂铁水磷含量普遍明显高于首钢，见表 1-29，在铁水磷含量较高的条件下开发合适的留渣双渣技术仍然是一个亟待研究的难题。

表 1-29 国内部分钢铁厂典型铁水磷含量

厂家	铁水磷含量（质量分数）范围/%	平均铁水磷含量（质量分数）/%
莱钢	0.14 ~ 0.20	—
马钢	0.12 ~ 0.23	0.18
宝钢韶钢	0.099 ~ 0.165	0.133
新钢	0.13 ~ 0.16	0.141
舞钢	0.15 ~ 0.25	—

国内其他钢铁企业根据自身的原料条件对留渣双渣工艺进行了实践研究，留渣双渣工艺在某钢厂 180t 顶底复吹转炉推广后，吨钢石灰使用量下降了 15.2kg，吨钢钢铁料消耗下降了 5.60kg；留渣双渣工艺在某钢厂 300t 顶底复吹转炉推广后，吨钢石灰使用量由 35kg 下降到 16kg，吨钢白云石使用量由 25kg 下降到 15.0kg，另外吨钢钢铁料消耗下降了 5.90kg；留渣双渣工艺在某钢厂推广后，吨

钢石灰使用量由39.85kg下降到33.35kg，降幅达15.8%；留渣双渣工艺在某钢厂150t顶底复吹转炉推广后，吨钢石灰使用量下降了7kg，另外吨钢钢铁料消耗下降了5kg。

此外，武钢90t顶底复吹转炉、杭钢50t顶底复吹转炉、天津钢管厂等钢铁企业都对留渣双渣的应用情况作了报道，普遍能降低渣料消耗，降低生产成本，但是由于该工艺在具体控制指标及设备原料条件等各厂存在较大差异，降低渣料消耗的幅度存在较大差异。

1.2 转炉炼钢脱磷的理论基础

转炉脱磷一直是冶金工作者研究的重点，国内外研究者对相关理论做了大量研究，得到了转炉脱磷效率的影响因素，并回归分析出了一系列经验及半经验公式，这些公式能定量研究脱磷反应相关参数，对转炉炼钢生产具有重要的指导意义。

1.2.1 脱磷反应表达形式

转炉脱磷反应一般为氧化反应，即将钢液中的磷用氧化剂氧化成氧化磷，然后通过钢渣界面传质将氧化磷排除到渣中。目前，常用的研究脱磷反应的结构理论有分子理论、离子理论、聚集电子理论等。

1.2.1.1 采用分子理论表述的脱磷反应

$$2[P] + 5(FeO) + 4(CaO) = (4CaO \cdot P_2O_5) + 5[Fe] \tag{1-1}$$

$$\lg K_1 = \lg \frac{a_{4CaO \cdot P_2O_5}}{a_P^2 \cdot a_{FeO}^5 \cdot a_{CaO}^4} = \frac{40067}{T} - 15.06 \tag{1-2}$$

式中 a_{CaO}——CaO在转炉炉渣中的活度，无量纲；

a_{FeO}——FeO在转炉炉渣中的活度，无量纲；

$a_{4CaO \cdot P_2O_5}$——$4CaO \cdot P_2O_5$在转炉炉渣中的活度，无量纲；

K_1——反应式（1-1）平衡常数，无量纲。

1.2.1.2 采用离子理论表述的脱磷反应

离子理论认为磷在转炉炉渣中以磷酸根（PO_4^{3-}）的形式存在，即钢液中的磷失去电子转变成P^{5+}，在钢渣界面被O^{2-}极化形成。

$$2[P] + 5[O] + 3(O^{2-}) = 2(PO_4^{3-}) \tag{1-3}$$

$$\lg K_2 = \lg \frac{a_{PO_4^{3-}}}{a_{O^{2-}}^3 \cdot a_P^2 \cdot a_O^5} \tag{1-4}$$

式中 PO_4^{3-}——转炉炉渣中自由磷酸根离子；

O^{2-}——转炉炉渣中自由氧离子；
$a_{PO_4^{3-}}$——PO_4^{3-} 在转炉炉渣中的活度，无量纲；
$a_{O^{2-}}$——O^{2-}在转炉炉渣中的活度，无量纲；
a_P——钢中磷活度，无量纲；
a_O——钢中自由氧活度，无量纲；
K_2——反应（1-3）平衡常数，无量纲。

1.2.1.3 采用聚集电子理论表述的脱磷反应

$$\frac{1}{5}[P] + \frac{1}{2}[O] = (P_{1/5}O_{1/2}) \tag{1-5}$$

$$K_3 = \left(\frac{a'_{(P)}}{a_{[P]}}\right)^{1/5}\left(\frac{a'_{(O)}}{a_{[O]}}\right)^{1/2} \tag{1-6}$$

式中 $a_{[P]}$——钢中磷活度，无量纲；
$a_{[O]}$——钢中自由氧活度，无量纲；
$a'_{(O)}$——转炉炉渣中氧原子活度，无量纲；
$a'_{(P)}$——转炉炉渣中磷原子活度，无量纲；
K_3——反应（1-5）平衡常数，无量纲。

1.2.2 脱磷反应评价参数

1.2.2.1 转炉炉渣中的磷容量

在氧化脱磷过程中，脱磷反应发生在钢渣界面，转炉炉渣中的磷以磷酸根的形式脱除，国内外冶金工作者常用炉渣中的磷酸盐容量简称磷容量来研究炉渣的脱磷能力，磷容量表示的是炉渣溶解或吸收磷氧化物的能力，钢渣间的反应表示如下：

$$1/2P_2(g) + 5/4O_2(g) + 3/2(O^{2-}) = (PO_4^{3-}) \tag{1-7}$$

$$K_1 = \frac{a_{PO_4^{3-}}}{a_{O^{2-}}^{3/2} \cdot P_{P_2}^{1/2} \cdot P_{O_2}^{5/4}} \tag{1-8}$$

$$C_{PO_4^{3-}} = \frac{K_1 \cdot a_{O^{2-}}^{3/2}}{\gamma_{PO_4^{3-}}} = \frac{(\%PO_4^{3-})}{P_{P_2}^{1/2} \cdot P_{O_2}^{5/4}} \tag{1-9}$$

式中 $a_{PO_4^{3-}}$——PO_4^{3-} 在转炉炉渣中的活度，无量纲；
$a_{O^{2-}}$——O^{2-}在转炉炉渣中的活度，无量纲；
P_{P_2}——钢渣界面磷分压值，无量纲；
P_{O_2}——钢渣界面氧分压值，无量纲；
$\gamma_{PO_4^{3-}}$——转炉炉渣中 PO_4^{3-} 的活度系数，无量纲；

$\%PO_4^{3-}$——转炉炉渣中 PO_4^{3-} 的质量分数,%;

$C_{PO_4^{3-}}$——转炉炉渣中磷酸根离子容量，无量纲;

K_1——反应（2-7）平衡常数。

由式（1-9）可知 O^{2-} 活度和温度是影响磷容量的重要因素，同时研究表明渣中 O^{2-} 的行为对炉渣的光学碱度也有重要影响，光学碱度可用 O^{2-} 活度表述，并可用炉渣的成分来计算光学碱度，因此炉渣的磷容量是关于炉渣成分、光学碱度、温度的函数，国内外冶金工作者通过热态实验得出了一些经验关系式，对转炉脱磷冶炼具有一定的指导意义。

Sobandi 通过热态实验研究了 $CaO-SiO_2-Fe_tO-MnO-PO_{2.5}-MgO$ 渣系在温度为1573~1673K 热态平衡时的磷容量，得到了如下关系式：

$$\lg C_{PO_4^{3-}} = -2.60[(\%CaO) + 0.33(\%MnO) + 0.55(\%MgO) - 0.90(\%Fe_tO) - 0.77(\%PO_{2.5})]/(\%SiO_2) + \frac{40400}{T} - 6.48 \quad (1-10)$$

Young 通过热态实验回归分析了炉渣磷容量与炉渣光学碱度、炉渣成分和实验温度间的关系式：

$$\lg C_{PO_4^{3-}} = -18.184 + 35.84\Lambda - 23.35\Lambda^2 + \frac{22930\Lambda}{T} - 0.06257(\%FeO) - 0.04256(\%MnO) + 0.359(\%P_2O_5)^{0.3} \quad (1-11)$$

Mori 通过热态实验归纳了炉渣在温度为1873K 热态平衡时的磷容量与光学碱度间的函数，得到了如下关系式：

$$\lg C_{PO_4^{3-}} = 17.55\Lambda + 5.72 \quad (1-12)$$

式中 Λ——转炉炉渣的光学碱度，无量纲。

1.2.2.2 钢渣界面磷分配比 L_P

磷分配比的定义式为 $L_P = (\%P)/[\%P]$（或 $L_P = (\%P_2O_5)/[\%P]^2$，或 $L_P = (\%P_2O_5)/[\%P]$），即渣中磷含量与钢中磷含量的比值，磷分配比越大表明炉渣的脱磷能力越强，在氧化性脱磷条件下，磷分配比式（1-13）可以转化为式（1-14）（假定钢液中被氧化的磷全部进入炉渣中）：

$$L_P = \frac{(\%P)}{[\%P]} \quad (1-13)$$

$$L_P = \frac{([\%P]^0 - [\%P]) \cdot W_{钢}}{[\%P]^0 \cdot W_{渣}} \quad (1-14)$$

式中 $[\%P]^0$——脱磷前钢中磷的质量分数,%;

$(\%P)$——渣中磷的质量分数,%;

$[\%P]$——钢中磷的质量分数,%;

$W_{渣}$——炉渣质量值，t；

$W_{钢}$——钢液质量，t；

L_P——钢渣界面间磷分配比，无量纲。

脱磷反应式如式（1-7）所示，该反应中磷分压由下式确定：

$$1/2O_2(g) = [O] \quad \Delta G^\ominus = -117150 - 2.89T \quad (J/mol) \tag{1-15}$$

$$K_O = \frac{[\%O] \cdot f_O}{P_{O_2}^{1/2}} \tag{1-16}$$

$$[C] + [O] = CO \quad \Delta G^\ominus = -22364 - 39.63T \quad (J/mol) \tag{1-17}$$

$$K_{C-O} = \frac{P_{CO}}{[\%C] \cdot f_C \cdot [\%O] \cdot f_O} \tag{1-18}$$

磷分压可由下式确定：

$$1/2P_2(g) = [P] \quad \Delta G^\ominus = -122170 - 19.25T \quad (J/mol) \tag{1-19}$$

$$K_P = \frac{[\%P] \cdot f_P}{P_{P_2}^{1/2}} \tag{1-20}$$

因此，磷分配比可表示如下：

$$L_P = \frac{(\%P)}{[\%P]} = 0.326 \times \frac{C_{PO_4^{3-}} \cdot P_{CO}^{2.5} \cdot f_P}{K_P \cdot K_O^{2.5} \cdot K_{C-O}^{2.5} \cdot f_C^{2.5} \cdot [\%C]^{2.5}} \tag{1-21}$$

式中 K_O——反应式（1-15）的平衡常数，无量纲；

K_{C-O}——反应式（1-17）的平衡常数，无量纲；

K_P——反应式（1-19）的平衡常数，无量纲；

[%C]——钢液中溶解碳质量分数,%；

[%O]——钢液中溶解氧质量分数,%；

f_P——磷的活度系数，无量纲；

f_C——碳的活度系数，无量纲；

P_{CO}——CO 分压值，无量纲。

冶金工作者通过热力学平衡实验得出了炉渣成分与组分活度的对应关系，回归分析出了磷分配比与炉渣成分的经验关系式。Healy 的实验结果为：

$$\lg\left(\frac{(\%P)}{[\%P]}\right) = -\frac{22350}{T} + 0.08(\%CaO) + 2.5\lg(\%TFe) - 16 \tag{1-22}$$

Ide[80] 等对 $CaO-Fe_tO-SiO_2-MgO-MnO-P_2O_5$ 渣系热平衡实验数据分析，得出了如下经验关系式：

$$\lg\frac{(\%P)}{[\%P](\%TFe)^{5/2}} = 0.072[(\%CaO) + 0.15(\%MgO) + 0.6(\%P_2O_5) + 0.6(\%MnO)] + 11570/T - 10.52 \tag{1-23}$$

其他冶金工作者得出的经验公式见表 1-30。

表 1-30　计算 $\lg L_P$ 的经验公式

L_P 表示形式	$\lg L_P$ 计算式
$\frac{(\%P_2O_5)}{[\%P]}$	$\lg L_P = 5.9(\%CaO) + 2.5\lg(\%FeO) + 0.5\lg(\%P_2O_5) - 0.5C - 0.36$ 式中 C 在 1823K、1858K、1908K 的值分别为 21.13、21.51、21.92
$\frac{(\%P_2O_5)}{[\%P]}$	$\lg L_P = 0.072\ [(\%CaO) + 0.3(\%MgO) + 0.6(\%P_2O_5) + 0.2(\%MnO) + 1.2(\%CaF_2) - 0.5(\%Al_2O_3)] + 2.5\lg(\%TFe) + 11570/T - 10.52$
$\frac{(\%P_2O_5)}{[\%P]}$	$\lg L_P = 0.072[(\%CaO) + 0.15(\%MgO) + 0.6(\%P_2O_5) + 0.6(\%MnO)] + 2.5\lg(\%TFe) + 11570/T - 10.52$
$\frac{(\%P_2O_5)}{[\%P]}$	$\lg L_P = \frac{1}{T}[162(\%CaO) + 127.5(\%MgO) + 28.5(\%MnO)] + 2.5\lg(\%Fe_tO) + \frac{11000}{T} - 6.28\times10^{-4}(\%SiO_2) - 10.4$
$\frac{(\%P)}{[\%P]}$	$\lg L_P = \frac{21740}{T} - 9.87 + 0.071[(\%CaO) + (\%CaF_2) + 0.3(\%MgO)] + 2.5\lg[\%O]$
$\frac{(\%P)}{[\%P]}$	$\lg L_P = 0.15(\%CaO) + 0.049(\%Na_2O) - 0.041(\%SiO_2) + 0.033(\%CaF_2) + 1.72$
$\frac{(\%P)}{[\%P]}$	$\lg L_P = \Lambda\left(-558.874 + \frac{2175100}{T} - \frac{1930041500}{T^2}\right) - 24.33$

1.2.2.3　P_2O_5 活度系数

P_2O_5 活度系数是衡量炉渣脱磷能力的另一个重要参数，一般情况下 P_2O_5 活度系数越大对脱磷反应越不利，脱磷越困难，降低 P_2O_5 活度系数则有利于脱磷反应进行，促进钢液中的磷降低到更低的水平。

$$2[P] + 5[O] = (P_2O_5) \tag{1-24}$$

$$\Delta G^{\ominus} = -705420 + 556.472T \quad (J/mol)$$

由 $K_P = \frac{a_{P_2O_5}}{a_{[P]}^2 \cdot a_{[O]}^5}$，可得：

$$K_P = \frac{\gamma_{P_2O_5} \cdot X_{P_2O_5}}{f_P^2 \cdot [\%P]^2 \cdot f_O^2 \cdot [\%O]^2} \tag{1-25}$$

式中 f_O——钢液中 [O] 的活度系数，无量纲；

f_P——钢液中 [P] 的活度系数，无量纲；

[%O]——钢液中 [O] 的质量分数,%；

[%P]——钢液中 [P] 的质量分数,%；

$X_{P_2O_5}$——渣中 P_2O_5 的摩尔分数，无量纲。

式 (1-25) 可转化为：

$$\gamma_{P_2O_5} = \frac{K_P \cdot [\%P]^2 \cdot f_P^2 \cdot [\%O]^2 \cdot f_O^2}{X_{P_2O_5}} \tag{1-26}$$

上式为 P_2O_5 活度系数的基本定义式，可见 P_2O_5 活度系数是关于炉渣组元、钢液组元、温度的函数关系式。冶金学者对 P_2O_5 活度系数同样做了大量研究，得出了大量经验公式，表 1-31 列举了部分实验结果。

表 1-31 计算 P_2O_5 活度系数经验公式

编号	P_2O_5 活度系数计算式
1	$\lg\gamma_{P_2O_5}=-1.12(22N_{CaO}+15N_{MgO}+13N_{MnO}+12N_{FeO}-2N_{SiO_2})-\frac{42000}{T}+23.58$
2	$\lg\gamma_{P_2O_5}=-2.59[(\%CaO)+0.55(\%MgO)+0.33(\%MnO)-0.77(\%P_2O_5)-0.9(\%Fe_tO)]/(\%SiO_2)+1400/T-5.75$
3	$P_2O_5<1\%$，CaO 0～60%　$\lg\gamma_{P_2O_5}=-9.84-0.142[(\%CaO)+0.3(\%MgO)]$ $P_2O_5>10\%$，CaO>40%　$\lg\gamma_{P_2O_5}=-34950/T+3.85-0.058(\%CaO)$
4	$\lg\gamma_{P_2O_5}=9.40-38.09\Lambda$
5	$\lg\gamma_{P_2O_5}=-6.775N_{CaO}+2.816N_{MgO}-4.995N_{FeO}-1.377N_{SiO_2}+\frac{1007}{T}-13.992$ $\lg\gamma_{P_2O_5}=-8.172X_{Ca^{2+}}-1.323X_{Mg^{2+}}-7.169X_{Fe^{2+}}-1.858X_{SiO_4^{4-}}+\frac{340}{T}-11.66$

1.2.3 脱磷反应影响因素

1.2.3.1 炉渣成分

炉渣成分是影响脱磷效果最重要的因素之一，其中以炉渣的碱度（$\%CaO/\%SiO_2$）和氧化铁含量影响最为显著，另外氧化锰、氧化镁含量也对脱磷效果有一定影响。

氧化钙含量越高 P_2O_5 活度系数越低，热力学条件上对脱磷越有利，冶金工作者在 $CaO-SiO_2-FeO-P_2O_5$ 渣系与钢液的热力学平衡试验中已经做了验证。氧化钙含量越高，同时碱度越高，理论上对脱磷越有利，但实际生产中碱度增加时，炉渣的熔点随之升高，炉渣流动性变差，脱磷动力学条件恶化，由于生产中脱磷难以达到热力学上的平衡态，控制合适的氧化钙含量对于生产中脱磷才有利。

氧化铁含量对炉渣熔点有重要影响，一般情况下氧化铁含量越高，炉渣熔点越低，相同温度下炉渣流动性越好，脱磷动力学条件越好。这对于无法达到热力学平衡态的实际生产有重要意义，因为此时动力学因素对最终的脱磷效果有着重要影响。但氧化铁含量提高会稀释渣中氧化钙的含量，当氧化铁含量过高时，氧化钙含量被大幅度稀释，碱度明显下降，对脱磷又会产生不利的影响。有研究表明：当碱度小于2.5时，提高的氧化铁含量对脱磷不利；当碱度大于2.5时，提高氧化铁含量有利于脱磷。

氧化锰、氧化镁是转炉炉渣的主要组成部分，两者本身都是弱碱性物，有一定的脱磷能力，但当两者含量增加时必然会稀释氧化钙和氧化铁的含量，反而不利于脱磷，因此应控制炉渣中氧化锰、氧化镁含量，在满足生产需求的前提下尽量降低两者的含量。

1.2.3.2 炉渣物相

对于炉渣物相的研究是最近十多年转炉脱磷研究领域的热点之一，冶金学者研究后发现，转炉脱磷的基本过程包括：

（1）钢液中的磷被氧化后通过钢渣界面传质进入渣中。

（2）进入渣中的磷在渣相中分配，形成富磷相和基体相等物相。两者相互制约，共同决定了最终的脱磷效果。

炉渣中的物相主要受炉渣成分的影响，在转炉炼钢生产中炉渣的成分是不断变化的，主要由于冶炼过程中不断向炉渣中加入石灰、白云石等造渣料，随着石灰的溶解渣中的氧化钙含量不断增加，另外铁水中的硅、锰等元素不断被氧化形成氧化硅和氧化锰，不断进入渣中。在转炉冶炼初期，由于石灰加入量少，且石灰熔化需要较长时间，炉渣的碱度较低，形成的物相主要是橄榄石（化学式简写为C·RO·S，其中C表示CaO，RO为FeO、MgO、MnO等氧化物的总称，S表示SiO_2），橄榄石渣对炉衬有较强的侵蚀性，并且脱磷效果差。随着冶炼的进行，橄榄石将发生如下反应：

$$2(CaO \cdot RO \cdot 2SiO_2) + CaO = 3CaO \cdot RO \cdot 2SiO_2 + RO \qquad (1-27)$$

式（1-27）表明橄榄石将吸收CaO并转变成$3CaO \cdot RO \cdot 2SiO_2$，即橄榄石中RO相被CaO替代形成镁蔷薇辉石，该物相渣同样对炉衬有较强的侵蚀性，并且脱磷效果差。当CaO含量进一步增加时，RO相不断被替代，最终形成硅酸二钙（C_2S）或硅酸三钙（C_3S）。硅酸二钙的形态一般为粒状，其脱磷效率高，对转炉炉衬侵蚀小，硅酸三钙的形态一般为片状，同样具备很强的脱磷能力，对转炉炉衬几乎没有侵蚀。

$$3CaO \cdot RO \cdot 2SiO_2 + CaO = 2(2CaO \cdot SiO_2) + RO \qquad (1-28)$$

$$2CaO \cdot SiO_2 + CaO = 3CaO \cdot SiO_2 \qquad (1-29)$$

冶金学者根据碱度的不同，将炉渣中主要物相分类，见表1-32。

表1-32 不同碱度条件下炉渣物相

碱 度	物 相
0.9～1.4	橄榄石

续表 1-32

碱　度	物　相
1.4~1.6	镁蔷薇辉石
1.6~2.4	硅酸二钙
>2.4	硅酸三钙

1.3 中高磷铁水脱磷及磷的富集研究进展

矿石资源是人类赖以生存和发展的重要非可再生自然资源之一，近十几年来，中国钢铁行业发展迅猛，超过50%的铁矿石依赖从巴西、澳大利亚、南非等国进口。随着中国钢铁工业的持续发展，产能的不断提高与铁矿石短缺的矛盾日益突出，积极有效地开发贫矿、复杂铁矿资源的要求更趋迫切。

目前，我国现有的铁矿资源保有基础储量223.75亿吨，保有资源总量458.94亿吨，矿石平均品位低，仅为32%左右。我国高磷铁矿石资源丰富，探明储量达74.5亿吨，占全国铁矿资源保有储量的10%以上，目前因含磷较高而无法得以充分利用。我国高磷铁矿主要分布在云南、四川、湖北、湖南、安徽、江苏以及内蒙古等地区。其中比较典型的是梅山高磷铁矿（含磷质量分数达0.38%）和储量为18.95亿吨的鄂西高磷铁矿（平均含磷质量分数约为0.80%）。矿石以中-贫矿为主，铁平均品位为30%~40%，其中大于45%的富矿约为8亿吨，占该类铁矿石资源储量的42%。我国高磷矿矿物组成复杂，磷矿物嵌布粒度较细，磷矿物与铁之间分离困难，属于难选矿石。目前高磷铁矿石的除磷方法主要有选矿法脱磷、化学法脱磷、微生物法脱磷以及冶炼法脱磷。

随着高品位优质矿价格显著提高，国内许多钢铁企业为平抑国外铁矿石的价格，开始纷纷寻求国内铁矿石资源或一些低品位杂质元素较多的矿以降低成本，杂质P在矿石中最为突出；另外，由于资源限制，矿山开发商可能开发一些含有较高磷含量的矿山。未来随着优质铁矿石资源被不断消耗，钢铁厂将不可避免使用磷含量更高的铁矿石，铁水中的磷含量将进一步增加，这对转炉脱磷提出了更高的要求。

此外，铁水中磷含量的提高及炼钢新工艺的使用不可避免地导致钢渣中磷含量增加，在钢渣成分变化的情况下开发合适的钢渣处理及利用技术对于完善炼钢脱磷新技术同样重要。

1.3.1 中高磷铁水脱磷研究进展

随着高品位铁矿石的逐渐枯竭，近年来，高磷矿的使用已受到国内外广大学者的广泛关注，相应地针对高磷铁水脱磷的研究越来越多。瑞典北部有着丰富的高磷铁矿资源，早在20世纪80年代，该国便开展了高磷铁水预处理脱磷技术的研究，

对含磷 $w(P)=0.15\%\sim0.8\%$ 铁水进行了扩大试验研究，脱磷剂采用钙基和钠基两种，用浸入式喷枪将熔剂与少量 O_2 一同喷入铁水，两种脱磷剂均可将铁水中的磷从0.5%降至0.02%；吴巍等人利用感应炉对磷含量 $w(P)=0.28\%\sim2.02\%$ 的铁水进行了铁水脱磷预处理和炼钢试验研究，脱磷预处理期脱磷率为67%~87%，处理后磷含量（质量分数）为0.075%~0.630%；炼钢脱碳试验结束后，脱磷率为86%~97%，钢中磷含量（质量分数）为0.015%~0.05%；赵岩等人在实验室感应炉中采用 $CaO-FeO-SiO_2-CaF_2$ 渣系进行了高磷铁水（$w[P]=1.3\%$）脱磷预处理研究，处理温度控制在（1350±10）℃，处理后脱磷率稳定在80%以上；周进东等人在实验室采用 $Fe_2O_3-CaO-CaF_2$ 渣系对高磷铁水（$w[P]=0.6\%$）脱磷过程进行了研究，处理结果表明：处理2min反应已基本结束，脱磷率可达89.45%。梅山高磷铁矿（含磷质量分数达0.38%）是我国比较典型的高磷铁矿，因此我国某钢厂150t顶底复吹转炉采用的是磷含量（质量分数）为0.22%以上的中高磷铁水，表1-33为某钢厂中高磷铁水冶炼转炉工艺参数。

表1-33 某钢厂中高磷铁水冶炼转炉工艺参数

指标名称	数值
转炉容量/t	150
铁水磷含量（质量分数）/%	>0.22
成渣路线	铁质成渣路线
吹炼前期ΣFeO含量（质量分数）/%	35~40
吹炼前期碱度	2.5左右
吹炼后期ΣFeO含量（质量分数）/%	20~25
吹炼后期碱度	3.5~4.0
四孔氧枪氧压/MPa	0.9~1.1
供氧强度/$Nm^3\cdot(t\cdot min)^{-1}$	3.0
枪位变化	高-低
底吹气强度/$Nm^3\cdot(t\cdot min)^{-1}$	0.015~0.1
底吹透气砖数量	8
终点磷含量（质量分数）/%	<0.02
磷分配比	100左右

目前，高磷铁水的冶炼工艺，较具代表性的有米塔尔钢铁公司的转炉吹炼高磷铁水技术和塔塔钢铁公司的高磷铁水生产低磷钢技术。表1-34为米塔尔公司入炉铁水磷含量与造渣工艺的关系，该公司通过调整造渣、吹氧工艺在吹炼早期即获得高流动性、过氧化、高碱度渣，并部分使用双渣工艺，在其Temirtau转炉

吹炼 $w[P]$ 达0.7%的铁水，表1-35为米塔尔Temirtau转炉与典型美国转炉造渣工艺的比较。塔塔公司对生产低磷钢作了系统而深入的研究开发，选择合适的吹炼条件以及后期搅拌、降低出钢温度、使用低磷合金调整出钢成分等措施，以稳定生产磷含量（质量分数）在0.015%~0.020%以下的低磷钢。

表1-34　米塔尔公司入炉铁水磷含量与造渣工艺的关系

铁水条件	工　艺
$w(P)\leqslant0.3\%$，$w(S)\leqslant0.03\%$	标准单渣工艺
$w(P)\leqslant0.35\%$，$w(S)\leqslant0.03\%$	新单渣工艺
$w(P)\geqslant0.35\%$，$w(S)>0.03\%$	标准双渣工艺
$w(Si)\geqslant1\%$	换渣工艺

表1-35　Temirtau转炉与典型美国转炉造渣工艺的比较

指标名称	典型美国转炉	Temirtau转炉
铁水磷含量（质量分数）/%	0.04	0.35
铁水硅含量（质量分数）/%	0.4	0.8
铁水比/%	79	73
铁水质量/t	203	246
目标钢水磷含量（质量分数）/%	0.015	0.015
高钙石灰加入量/kg·t^{-1}	21	63.4
高镁石灰加入量/kg·t^{-1}	26.5	20.9
渣中FeO含量/kg·t^{-1}	26.3	27.6
渣中 SiO_2 含量/kg·t^{-1}	6.4	12.8
渣量/kg·t^{-1}	91.9	138.5
分配比 $L_P=(P)/[P]$	20.4	131

1.3.2　转炉渣中磷的富集研究进展

1.3.2.1　转炉渣中磷的富集热力学研究进展

为实现钢渣中磷的有效分离，首先需要了解磷在钢渣中的赋存状态。截至目前，国内外学者对有关转炉炼钢过程中磷的行为和赋存状态及其在钢、渣间的分配形式等方面的内容进行了深入系统的研究。

Suito等在1673K下研究了磷从 $CaO-Fe_tO-P_2O_5(SiO_2)$ 渣向CaO颗粒的迁移行为，研究发现CaO颗粒加入到熔渣后马上溶解，并发现在CaO颗粒表面迅速形成

$2CaO \cdot SiO_2$-$3CaO \cdot P_2O_5$ 固溶体层，随后 CaO-Fe_tO 在 CaO 颗粒与 $2CaO \cdot SiO_2$-$3CaO \cdot P_2O_5$ 固溶体层之间形成，结果如图 1-11 所示。

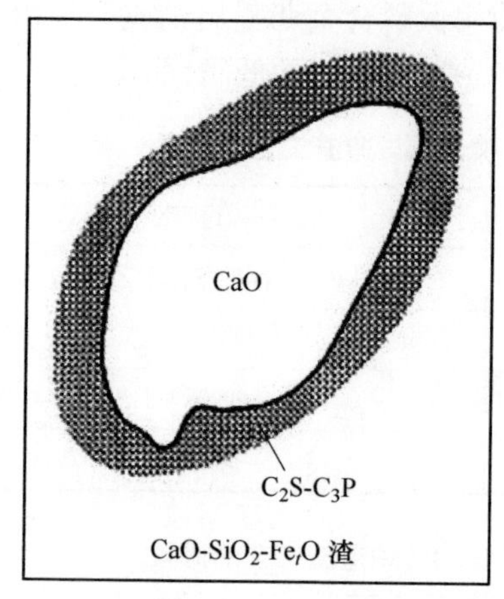

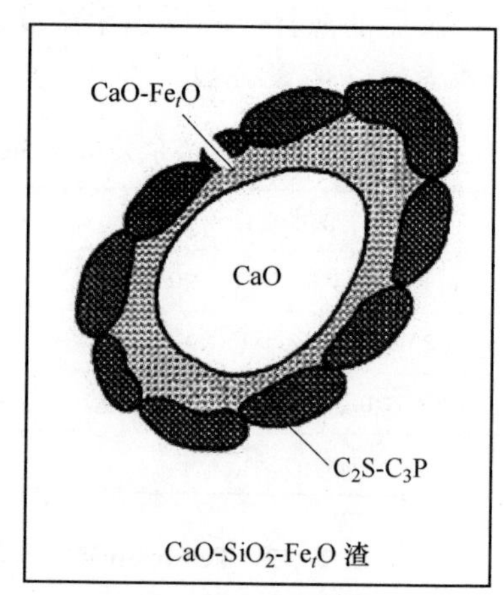

图 1-11 CaO 颗粒与 CaO-SiO_2-Fe_tO-P_2O_5 反应机理图

Fix 的研究表明，熔渣中的 $2CaO \cdot SiO_2$ 与 $3CaO \cdot P_2O_5$ 可在很宽的成分范围内生成 $2CaO \cdot SiO_2$-$3CaO \cdot P_2O_5$ 固溶体。Hideaki 进一步研究表明将 CaO 颗粒加入 CaO-SiO_2-Fe_tO-P_2O_5 渣系中可在 CaO 颗粒表面迅速形成 $2CaO \cdot SiO_2$-$3CaO \cdot P_2O_5$ 固溶体，之后不含 P_2O_5 的 CaO-Fe_tO 渣相形成在介于 CaO 颗粒及 $2CaO \cdot SiO_2$-$3CaO \cdot P_2O_5$ 固溶体之间。

Matuura 在 1573K 和 1673K 温度下，通过向 CaO-FeO_x-SiO_2-P_2O_5 渣系中加入 CaO，得到了相似的结论：在 CaO 颗粒周围形成了 $2CaO \cdot SiO_2$ 相及富 FeO_x 相，同时 P_2O_5 进入 $2CaO \cdot SiO_2$ 中形成 $2CaO \cdot SiO_2$-$3CaO \cdot P_2O_5$ 固溶体。

王楠探研究了钢渣中磷的富集以及富磷相的长大行为，研究结果表明磷从熔渣本体向 $2CaO \cdot SiO_2$ 颗粒的富集过程是由磷自熔渣本体向 $2CaO \cdot SiO_2$ 颗粒表面的传质、在 $2CaO \cdot SiO_2$ 颗粒表面形成 $2CaO \cdot SiO_2$-$3CaO \cdot P_2O_5$ 固溶体以及磷通过固溶体产物层由颗粒表面向其内部扩散的 3 个子过程组成，高温有利于磷向 $2CaO \cdot SiO_2$ 颗粒的富集，大粒径的 $2CaO \cdot SiO_2$ 颗粒有利于形成富磷相以及钢渣分离，但是小粒径 $2CaO \cdot SiO_2$ 颗粒形成富磷相可在较短的时间内完成。

DeO 对不同铁水初始磷含量冶炼终点转炉钢渣中磷分布状况的研究表明：钢渣中磷主要固溶在 $2CaO \cdot SiO_2$ 相中，其磷含量（质量分数）可达 4.2% ~5%，而基体相中的磷含量（质量分数）最高只有 0.32%。

武杏荣通过研究稳定化处理后的转炉钢渣也得出相似的结论：即钢渣主要由硅酸二钙（$2CaO \cdot SiO_2$）、磷酸三钙（$3CaO \cdot P_2O_5$）、铁酸二钙（$2CaO \cdot Fe_2O_3$）等矿物组成，其中钢渣中的磷主要以 $2CaO \cdot SiO_2$-$3CaO \cdot P_2O_5$ 固溶体的形式存在，而存在于富铁相等其他矿物及玻璃相中的量很少，当碱度接近 3 时，几乎所

有的磷都固溶在 $2CaO \cdot SiO_2$ 相中。

在 $2CaO \cdot SiO_2$-$3CaO \cdot P_2O_5$ 固溶体的生成热力学方面，Gao X 等人研究了 CaO-SiO_2-FeO-5% P_2O_5-5% Al_2O_3 体系的相平衡关系，通过实验绘制出了 $2CaO \cdot SiO_2$-$3CaO \cdot P_2O_5$、CaO-FeO 与液相的共存区，认为 CaO-FeO 相的存在可以提高 $2CaO \cdot SiO_2$-$3CaO \cdot P_2O_5$ 固溶体中 $3CaO \cdot P_2O_5$ 的含量，而且与 CaO-SiO_2-FeO 体系相比，CaO-SiO_2-FeO-5% P_2O_5 中的液相线向高 FeO 方向扩展。Li J Y 等对 CaO-SiO_2-FeO-Fe_2O_3-P_2O_5 渣系中组元的活度进行了计算，结果表明，$3CaO \cdot P_2O_5$ 的活度较大，提高熔渣的二元碱度可降低 $2CaO \cdot P_2O_5$、$3CaO \cdot P_2O_5$、$3FeO \cdot P_2O_5$、$4FeO \cdot P_2O_5$ 等组元的活度，$2CaO \cdot SiO_2$-$3CaO \cdot P_2O_5$ 的活度随熔渣碱度的提高而增大，但当碱度大于 2 之后，$2CaO \cdot SiO_2$-$3CaO \cdot P_2O_5$ 的活度则呈减小的趋势。

以上研究表明 P_2O_5 可以从液相迁移到固相中，以 $2CaO \cdot SiO_2$-$3CaO \cdot P_2O_5$ 固溶体的形式被固定下来，而且固溶体中磷含量很高，是液相渣中磷含量的几倍到几十倍。

为进一步研究 $2CaO \cdot SiO_2$-$3CaO \cdot P_2O_5$ 固溶体富集 P_2O_5 的极限能力，Inoue 和 Suito 探讨了 1573K 和 1833K 下 $2CaO \cdot SiO_2$ 颗粒与 CaO-Fe_tO-SiO_2 间磷分配行为，研究发现渣中磷从含 $3CaO \cdot P_2O_5$ 饱和渣向 $2CaO \cdot SiO_2$ 颗粒迁移速度很快，反应 5s 内便有 $2CaO \cdot SiO_2$-$3CaO \cdot P_2O_5$ 固溶体形成。

Ken-Ichi 在 CaO-SiO_2-Fe_2O_3 渣系中加入了质量分数为 18% 的 P_2O_5，其研究表明 $2CaO \cdot SiO_2$-$3CaO \cdot P_2O_5$ 固溶体能以极快的速度形成，$2CaO \cdot SiO_2$-$3CaO \cdot P_2O_5$ 固溶体中 P_2O_5 的含量可超过 40%，如果渣中 P_2O_5 含量足够高且控制合适的 TFe 含量，$3CaO \cdot P_2O_5$ 几乎 100% 富集在 $2CaO \cdot SiO_2$-$3CaO \cdot P_2O_5$ 固溶体中。

可见，转炉脱磷过程中若能充分发挥 $2CaO \cdot SiO_2$-$3CaO \cdot P_2O_5$ 固溶体的作用，使磷尽可能地富集于 $2CaO \cdot SiO_2$-$3CaO \cdot P_2O_5$ 固溶体中，可提高炉渣的脱磷能力。

一些学者研究发现：钢渣中磷主要存在于磷酸三钙与硅酸二钙结合形成的 $2CaO \cdot SiO_2$-$3CaO \cdot P_2O_5$ 固溶体中，存在于富铁相等其他矿物及玻璃相中的量很少，硅酸二钙与磷酸三钙固溶体相呈不规则球状颗粒，且 $2CaO \cdot SiO_2$-$3CaO \cdot P_2O_5$ 固溶体中 P_2O_5 的固溶度可达 20% 以上。然而，由于转炉渣碱度较高，钢渣冷却过程中 $2CaO \cdot SiO_2$ 析出量大，$2CaO \cdot SiO_2$-$3CaO \cdot P_2O_5$ 固溶体中的 P_2O_5 含量远低于其固溶限度，造成含磷相中 P_2O_5 含量偏低。因此，有研究者提出在转炉出渣过程中加入改质剂并利用钢渣自身余热对其进行熔融改质处理，以减少钢渣中 $2CaO \cdot SiO_2$ 析出量，使钢渣中的磷富集于少量析出的 $2CaO \cdot SiO_2$ 颗粒中，同时合理匹配降温速率与保温时间，则可达到提高钢渣含磷相中磷含量之目的。

陈敏等通过向现场转炉渣中加入一定 SiO_2，以调整钢渣碱度来对转炉渣改性处理，析出的富磷相颗粒形貌由高碱度条件下的球状为主转变为低碱度条件下的球状与粗大棒状两种形貌同时并存；通过向熔融钢渣中加入改质剂降低渣的碱度，可以实现渣中的磷向 $2CaO \cdot SiO_2$ 中有效地富集，当改质钢渣碱度为 1.3 左右，富磷相中 P_2O_5 含量达 30% 以上。

转炉钢渣经熔融改质后，由于 $2CaO \cdot SiO_2$ 颗粒析出量减少，磷在熔渣中通过传质迁移至 $2CaO \cdot SiO_2$ 颗粒表面的距离势必增加，导致磷的富集速率降低。如果磷的富集速率过慢而钢渣的温降速率较快，可能影响钢渣中磷向 $2CaO \cdot SiO_2$ 颗粒的充分富集。因此，有必要对改质条件（改质后钢渣化学成分以及工艺制度等）对 $2CaO \cdot SiO_2$ 析出的影响规律以及改质后钢渣中磷的富集行为进行深入研究。

近年来，针对如何将磷富集于 $2CaO \cdot SiO_2-3CaO \cdot P_2O_5$ 固溶体中，学者们开展了一系列的基础研究工作，Inoue 在 1400℃ 热平衡实验条件下通过向 $CaO-SiO_2-Fe_tO$ 渣系中加入尺寸为 20～50μm 的 $2CaO \cdot SiO_2$ 粒子，研究了不同成分渣系对磷含量（质量分数）5% 钢液脱磷时渣相间的磷分配比。其研究表明，只有 $CaO-SiO_2-Fe_tO$ 渣系碱度合适及 TFe 含量较高时，加入 $2CaO \cdot SiO_2$ 粒子有利于提高磷在渣相间的分配比，从而有利于脱磷。Xie S L 等人的研究表明，Na_2O 可以提高磷在固溶体和液相渣之间的分配比，但 B_2O_3 则会降低磷的分配比。林路研究了 TiO_2 改质处理钢渣对磷富集行为的影响，认为提高熔渣中 TiO_2 的含量，可使 $2CaO \cdot SiO_2-3CaO \cdot P_2O_5$ 固溶体中磷的含量增大。

1.3.2.2 转炉渣中磷的富集动力学研究进展

以上对于 $2CaO \cdot SiO_2-3CaO \cdot P_2O_5$ 固溶体的形成、磷的富集及其相关脱磷理论的研究，大多通过实验或者从热力学角度来分析磷的富集行为及程度，实际炼钢脱磷过程受多因素影响，磷由基体相快速固溶到 $2CaO \cdot SiO_2-3CaO \cdot P_2O_5$ 固溶体中对提高脱磷效率具有重要影响，因此，大量冶金工作者从动力学角度探讨含磷固溶体的生成行为。

Shin-Ya 研究了 $2CaO \cdot SiO_2-3CaO \cdot P_2O_5$ 固溶体形成过程中 P_2O_5 在液相渣与 $2CaO \cdot SiO_2-3CaO \cdot P_2O_5$ 固溶体之间的传质行为，其使用人工制作的 $2CaO \cdot SiO_2-3CaO \cdot P_2O_5$ 固溶体棒插入含有过饱和 $2CaO \cdot SiO_2-3CaO \cdot P_2O_5$ 固溶体的 $CaO-SiO_2-FeO-P_2O_5$ 渣系中。其研究表明，当液相渣中 P_2O_5 活度大于 $2CaO \cdot SiO_2-3CaO \cdot P_2O_5$ 固溶体中 P_2O_5 活度时，P_2O_5 能从液相渣中传质到 $2CaO \cdot SiO_2-3CaO \cdot P_2O_5$ 固溶体中，当液相渣中 P_2O_5 活度小于 $2CaO \cdot SiO_2-3CaO \cdot P_2O_5$ 固溶体中 P_2O_5 活度时，P_2O_5 却不能从 $2CaO \cdot SiO_2-3CaO \cdot P_2O_5$ 固溶体中传质到液相渣中，表明 $2CaO \cdot SiO_2-3CaO \cdot P_2O_5$ 固溶体中的 P_2O_5 极为稳定，如图 1-12 所示。

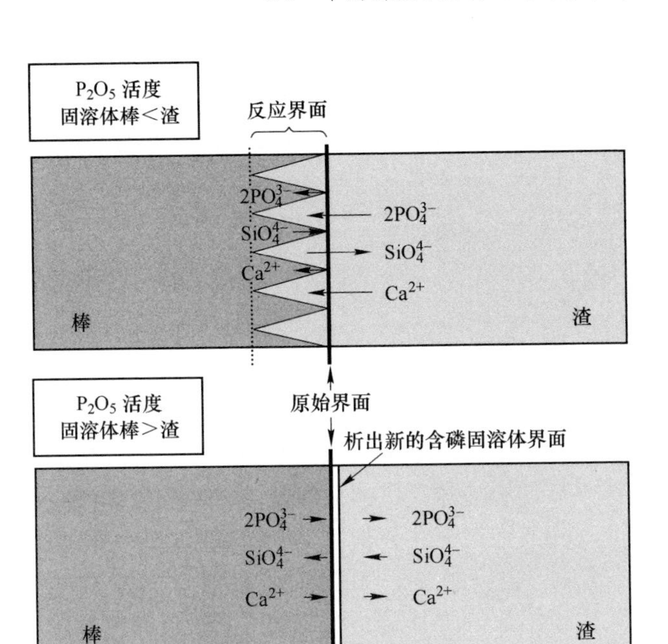

图 1-12 $2CaO \cdot SiO_2-3CaO \cdot P_2O_5$ 固溶体棒与液相渣反应原理图

XIE S L 在 1623K 温度下，通过向 $CaO-FeO_t-SiO_2$ 渣系加入 P_2O_5，研究了 $2CaO \cdot SiO_2-3CaO \cdot P_2O_5$ 固溶体形成过程中磷的传质机理，其研究表明：P_2O_5 能迅速溶解在 $CaO-FeO_t-SiO_2$ 渣系中，并在 $2CaO \cdot SiO_2$ 粒子表面形成一层 $2CaO \cdot SiO_2-3CaO \cdot P_2O_5$ 固溶体，之后该固溶体阻碍了 P_2O_5 继续与 $2CaO \cdot SiO_2$ 粒子内部反应，同时由于 $2CaO \cdot SiO_2$ 粒子内部与表面结构的不同产生残余应力，该残余应力可能导致 $2CaO \cdot SiO_2$ 粒子表面的 $2CaO \cdot SiO_2-3CaO \cdot P_2O_5$ 固溶体破裂，从而促使 $2CaO \cdot SiO_2-3CaO \cdot P_2O_5$ 固溶体进一步形成，如图 1-13 所示。

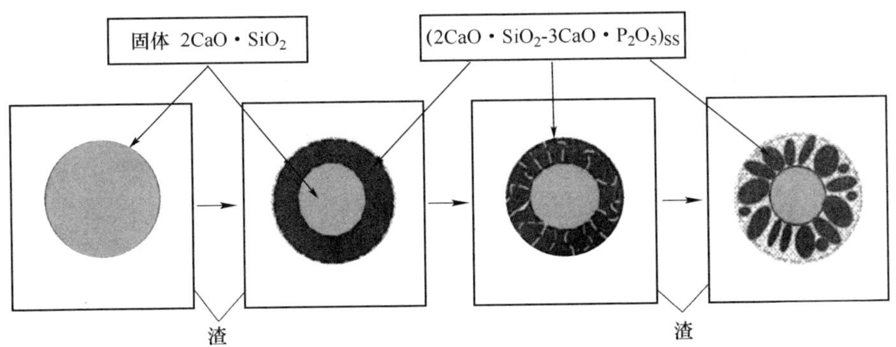

图 1-13 $2CaO \cdot SiO_2-3CaO \cdot P_2O_5$ 固溶体形成及破裂示意图

此外，杨肖等人研究了固溶体 $2CaO \cdot SiO_2-3CaO \cdot P_2O_5$ 与 $CaO-SiO_2-FeO_x-$

P_2O_5 渣之间磷的反应行为，发现在某些实验条件下 $2CaO \cdot SiO_2$-$3CaO \cdot P_2O_5$ 固溶体并非完全稳定地存在于渣中，认为反应温度和 CaO/SiO_2 摩尔比对固溶体的稳定性影响较大，渣系组成和温度的变化可能导致 $2CaO \cdot SiO_2$-$3CaO \cdot P_2O_5$ 固溶体溶解。其研究工作通过实验证实了含磷固溶体在某些条件下会重新溶解于液相渣中，从而导致脱磷效率降低。

1.4 倒渣的理论依据

1.4.1 泡沫的定义及分类

对于泡沫的定义，研究人员给出了多种解释。A. W. 亚当森认为，泡沫实际上是一种胶体，在热力学上呈不稳定状态，是一种内相为气体的乳状胶体。张勇在研究了泡沫铝体系后认为泡沫是气体分散在液体中的分散体系。其中液体是连续相，又称分散介质，气泡被液体分割，是分散相。泡沫可能是两相的，即液体（或固体）与气体构成，也可能是三相的，即由液体、固体、气体三相构成。

胶体化学理论对于泡沫的解释是，泡沫是不断变化的多元相组成的体系，在热力学上是不稳定的。泡沫有液体泡沫和固体泡沫等，液体泡沫即分散介质是液体，如啤酒泡沫、肥皂泡沫、熔渣泡沫，固体泡沫即分散介质为固体，如固态泡沫铝等。孔隙率一般用来衡量泡沫中气泡体积分数，孔隙率越大即气体体积分数越大，Szekely 按孔隙率的大小将气泡作了如下分类，见表 1-36。

表 1-36 不同孔隙率气泡系统分类

孔隙率	气泡系统分类
<0.3	多气泡型
0.4～0.6	泡沫型
>0.6	细胞状泡沫型

1.4.2 冶金熔体的泡沫化

炉渣泡沫化是冶金过程中的常见现象，在平炉炼钢时代平炉渣即出现过泡沫化现象，随着冶金技术的发展，转炉替代平炉、电弧炉炼钢等工艺的出现，在铁水预处理、转炉炼钢、炉外精炼、电弧炉炼钢、熔融还原等各种冶金过程中都出现了不同程度的炉渣泡沫化现象。

冶金过程中出现的泡沫化现象是一个复杂的物理化学过程，其产生的原因大多是因为冶炼过程中产生的一氧化碳或二氧化碳气体大量滞留在渣中形成的，一些冶金过程中适度的泡沫化是有利于冶炼的，如转炉双渣工艺或留渣双渣工艺脱磷阶段倒渣时，适度的泡沫化有利于倒出更多的脱磷渣，或电弧炉炼钢冶炼初期泡沫化炉渣不仅能减少电弧冶炼的热量损失，同时能降低冶炼过程中的噪声，保护炉衬；但炉渣过度泡沫化则会产生严重的喷溅并大幅增加钢铁料消耗等，见表1-37。

表 1-37 不同炼钢过程中泡沫渣对比

冶炼工艺	泡沫渣产生原因	泡沫渣的作用	控制程度
平炉过程	铁水中碳和渣中氧反应产生CO气体	恶化火焰向熔池热的传递，加剧对炉顶、炉衬的侵蚀	严格控制
转炉过程	铁水中碳和喷入的氧气反应产生CO气体，熔池发泡性能良好；顶吹氧气带入能量和气体	适当：增加反应界面，加快反应速度 过量：溢渣和喷溅	严格控制在合适的高度
熔融还原	铁氧化物还原，喷入的氧和煤裂解产生的气体	加强二次燃烧的传热效率和降低气体中的粉尘侵蚀炉衬和喷溅，溢出	控制合适的高度
电弧炉	加入含碳的物质等发泡剂，碳氧反应产生CO气体	埋弧渣冶炼操作，提高传热效率，保护炉衬材料	促进发泡
钢包精炼炉（还原期）	加入碳酸盐分解放出CO_2气体，底吹气体产生搅拌作用	埋弧渣操作，提高传热、脱气和脱硫效率	大力促进

炉渣泡沫化时，液态炉渣中存在大量气体，泡沫渣中的气体被液态炉渣隔离，气泡不能自由运动，气泡的形状可能是球状也可能是多面体状，国内外的冶金工作者对炉渣泡沫化作了大量研究，得出了一些实用的模型，并定量研究了某些泡沫化参数。其中，Fruehan 和 Ito 在研究炉渣泡沫化时首次引入了发泡指数和泡沫寿命等概念。

1.4.2.1 发泡指数

Ito 和 Fruehan 在实验条件下，在装有$CaO-SiO_2-FeO$炉渣的坩埚中吹入氮气，通过实验研究发现，当炉渣成分、温度、坩埚直径等参数保持不变时，泡沫高度与吹气流量的比值为一常数，并将这个常数定义为发泡指数（$\sum$），或称泡沫化指数。定义式如下：

$$\sum = \frac{\Delta h}{v} \tag{1-30}$$

式中 v——气体速度，m/s；

Δh——炉渣的高度增加量，m；

$\sum$——泡沫化指数，s。

发泡指数越高表明炉渣的发泡性能越好，炉渣越容易发生泡沫化现象。

1.4.2.2 泡沫寿命

泡沫渣萎缩从物理学上解释即气泡从泡沫渣中不断排除，当气泡全部排除后，泡沫渣消失。气泡排除速度满足如下关系式：

$$\frac{dV}{dt} = k(V^0 - V) \tag{1-31}$$

式中 k——常数，无量纲；

t——气泡排除时间，s；

V^0——泡沫渣的原始体积，m^3；

V——t 时刻泡沫渣的体积，m^3。

将式（1-31）积分后可转化为：

$$-\ln\left(\frac{V^0 - V}{V}\right) = kt \tag{1-32}$$

假定泡沫渣中气泡密度保持不变，式（1-32）转化为：

$$-\ln\left(\frac{\Delta h}{h_0}\right) = kt \tag{1-33}$$

式中 h_0——泡沫渣的原始高度，m；

Δh——泡沫渣高度的变化值，m。

泡沫寿命 T 的定义式：

$$T = \frac{1}{k} = -t/\ln\left(\frac{\Delta h}{h_0}\right) \tag{1-34}$$

Zhang Y 在 Ito 和 Fruehan 的研究基础上对泡沫化指数作了修正，其通过因次分析发现：泡沫化指数受气泡直径的影响十分显著，气泡直径越大泡沫化指数越低，小气泡更利于形成泡沫渣，在泡沫化指数中增加了气泡直径等参数。

Tokumitsu N 和 Ogawa Y 等人进一步研究了炉渣的表面张力及黏度对泡沫化指数的影响，其研究结果表明：炉渣的表面张力及黏度的变化会改变气泡的直径，从而影响泡沫化指数，并在此研究基础上建立了泡沫渣物理模型。

张东力、邹宗树通过热态实验研究了炉渣碱度对 $CaO-SiO_2-Al_2O_3-CaF_2$ 渣系泡沫化指数的影响，其研究结果表明：温度为1600℃，当碱度小于2.0时，提高碱度有利于增强炉渣的发泡性能；当碱度等于2.0时泡沫化指数最高；当碱度大于2.0时，随着碱度的增加，炉渣的发泡性能呈下降的趋势。这是因为，随着碱度的增加炉渣中 $2CaO \cdot SiO_2$ 固相质点增加，$2CaO \cdot SiO_2$ 固相质点可黏附在气液界面上，能够增强液膜的弹性和强度，使液膜不容易破裂，但当碱度过大，特别当碱度超过2.0时，液膜上已有足够的 $2CaO \cdot SiO_2$ 固相质点，且炉渣的黏度迅速增加，气泡难以进入渣中，泡沫化指数反而下降。

总结前人的研究结果，影响炉渣泡沫化指数的主要因素有：

（1）一定黏度范围内，增加黏度有利于提高泡沫化指数。

（2）降低炉渣密度有利于提高泡沫化指数。

（3）提高炉渣表面张力有利于提高泡沫化指数。

（4）$CaO-SiO_2$ 渣系，当碱度小于 2.0 时，提高碱度有利于增强炉渣的发泡性能；当碱度等于 2.0 时泡沫化指数最高；当碱度大于 2.0 时，随着碱度的增加，炉渣的发泡性能呈下降的趋势。

（5）温度越高，炉渣黏度下降，泡沫化指数降低。

（6）气泡直径越大泡沫化指数越低，小气泡更利于形成泡沫渣。

1.4.3 泡沫的演化

泡沫在热力学上是一种不稳定的系统，泡沫中气泡的孔隙率决定了气泡的形态是球形还是多面体形，一般将球形泡沫称为湿泡沫，多面体泡沫称为干泡沫。决定泡沫演化方向的原则是降低系统能量，泡沫形成后由于气泡表面能的影响，泡沫要向低系统能量的方向演化。

1.4.3.1 析液

泡沫中的液体，由于重力及气泡表面张力的作用，要不断从上往下运动，该过程称为析液。析液的进行使得气泡由球形向多面体转变，同时气泡间相互碰撞、合并长大。重力是泡沫析液的主要驱动力，即大部分析液量是在重力作用下完成，如图 1-14 所示。

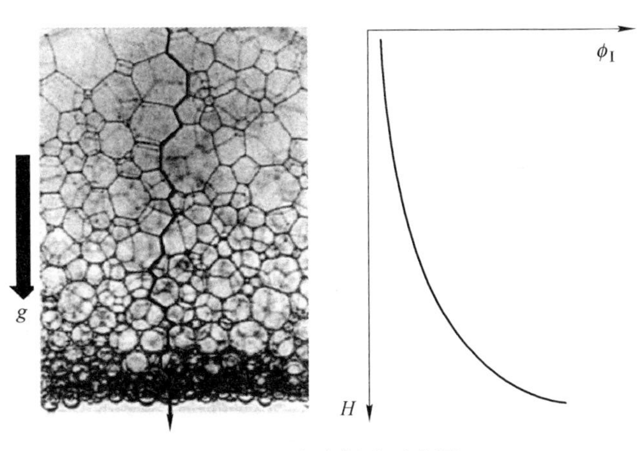

图 1-14 泡沫析液示意图

1.4.3.2 泡沫群内气泡合并、长大及拓扑变化

泡沫析液导致气泡液膜逐步薄化，薄化到一定程度即临界厚度相邻气泡合

并，小气泡逐渐长大为大气泡，气泡合并后气泡之间的拓扑结构发生变化。由于气泡拓扑结构的变化过于复杂，目前仅能从二维的角度解释胞元拓扑结构的变化，包括气泡拓扑结构的重排（T1 过程）和小气泡被大气泡合并的过程（T2 过程），如图 1-15 和图 1-16 所示。

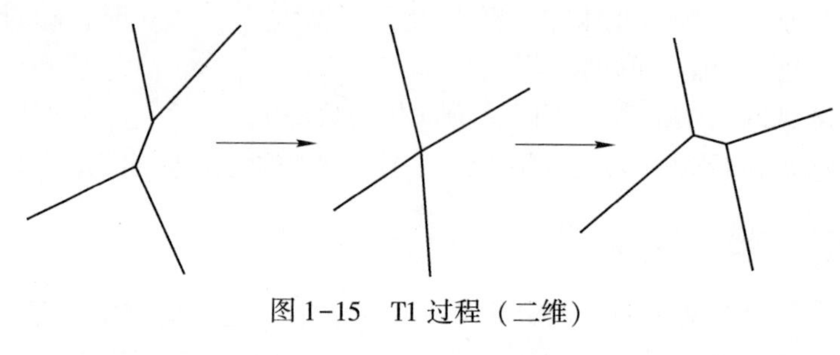

图 1-15　T1 过程（二维）

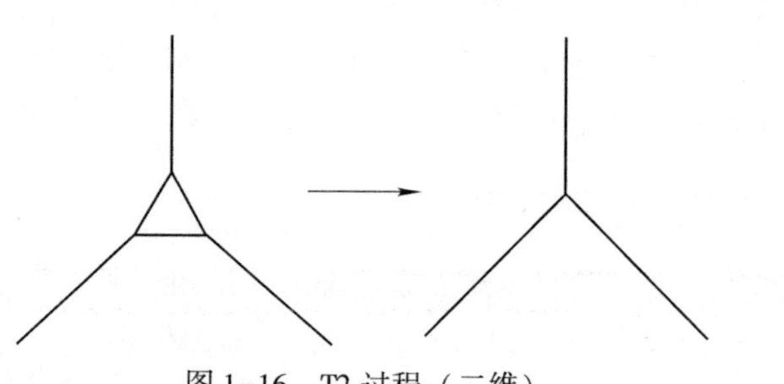

图 1-16　T2 过程（二维）

1.4.3.3　液膜破裂及气泡转型

泡沫在热力学上是不稳定的，有很高的气/液界面能。若泡沫中两个相邻的泡沫直径不同时，依据 Laplace 方程，大气泡中的压力小于小气泡中的压力，若液膜的强度不足以维持小气泡，液膜就可能发生破裂，使小气泡中的气体进入大气泡中，使得大气泡长大。同时，由于重力的作用，液膜上的液体也会不断下流使得液膜变薄，小于临界厚度时，液膜也会破裂。

根据经典泡沫理论，泡沫在形成初期是密集的球形小气泡进入液相中，在气泡上升过程中，由于液相的不断析液，小气泡之间的液膜逐渐变薄，达到临界厚度，气泡之间相互合并长大。随着泡沫高度的上升，液膜不断析液，由于液膜的阻隔，气泡无法自由运动，球形泡沫最终转化为多面体形泡沫。

储少军等通过多种实验证实，无论是水溶液泡沫，还是冶金过程中的泡沫渣，都符合经典的泡沫理论，即球形泡沫会逐步向多面体泡沫演化，其实验包括：

（1）熔融铝合金吹惰性气体实验；

（2）内生二氧化碳泡沫渣实验；

（3）内生二氧化碳模拟实验；

(4) 外生二氧化碳模拟实验；

(5) 外生二氧化碳泡沫渣实验。

K. S. Coley 向 $CaO-FeO-SiO_2-Al_2O_3-MgO$ 渣系中吹入 CO_2、CO、H_2、N_2 等气体，经过理论计算及实验测量结果证实了对冶金熔体泡沫渣中气泡分布符合经典泡沫理论，如图 1-17 所示。

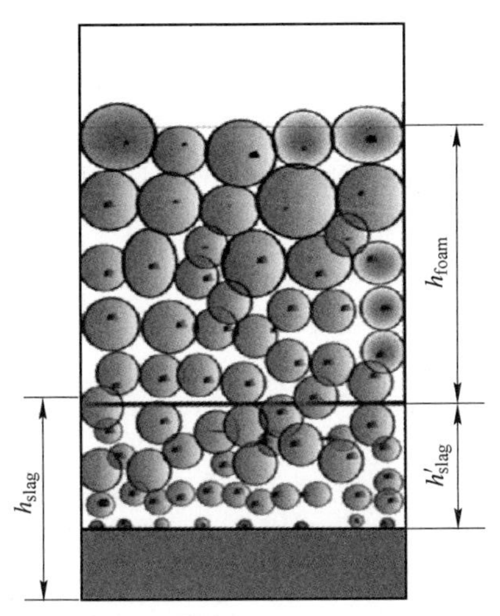

图 1-17 泡沫渣中气泡分布示意图

1.4.4 炉渣泡沫化气泡夹带现象

在转炉泡沫渣形成时，气泡是由钢液上升进入渣中，气泡在穿越钢/渣界面时，气泡尾部可能将下层高密度的钢液带入上层炉渣中，这种现象称为气泡夹带。显然，转炉泡沫渣形成时应尽量减少气泡带入渣中的钢液，否则会造成严重的铁损，大幅降低钢水收得率，增加生产成本。对于气泡上升过程中气泡的夹带现象研究学者做了大量研究，包括使用数学模拟或物理模拟的方法等。

Suter 在常温下使用两种不同的冷态液体模拟冶金过程中的金属/渣界面，其使用的物质有水/石蜡和水/甲苯，通过研究单个气泡穿越水/石蜡和水/甲苯界面过程表明：气泡从下层液体上升穿越液/液界面进入上层液体中时，气泡表面会包裹一层由下层液体组成的液膜，当液/液界面张力较小，而气泡所受浮力较大，或气泡接触液/液界面速度较快时，气泡可在瞬间完成穿越液/液界面的过程，此时包裹在气泡周围的液膜来不及破裂，液膜跟随气泡从下层液体进入上层液体中，同时由于气泡下方液体的黏附，下层液体会尾随气泡进入上层液体中，在上层液体中形成液柱。

Georg Reiter 使用水银/硅油、水/水银、水/环己烷等模拟了冶金过程中泡沫渣形成过程中气泡的夹带现象，其使用设置在实验装置下方的气泡发生器，控制发出不同尺寸的单个气泡，并使用高速摄像系统捕捉气泡的运动参数，分析了气泡下方液柱进入上层液体的最大高度、气泡穿越液/液界面所用时间、进入上层液体中下层液滴的数量及尺寸、液滴在上层液体中的停留时间等参数，并通过计算得出了相关参数的函数关系式。

Shahrokhi 进一步使用显微照相机研究了冷态实验条件下进入上层液体中液滴的来源：包裹在气泡周围液膜的破裂；尾随气泡进入上层液体液柱的断裂。

Lauri Holappa 和 Zhijun Han 对前人的研究结果做了总结，并总结了冷态实验条件下物理模拟气泡穿越液/液界面时气泡夹带机理：气泡穿越液/液界面时气泡周围的液膜来不及破裂进入上层液体中，同时气泡尾部形成液柱，并在黏附力作用下与气泡黏附，同时气泡在运动时带动下方液体运动形成惯性，在惯性力及黏附力的作用下液柱进入上层液体中，液柱断裂时形成液滴。上层液体中液滴的主要来源是液柱的断裂，而液膜破裂导致的液滴极为微量，如图 1-18 所示。

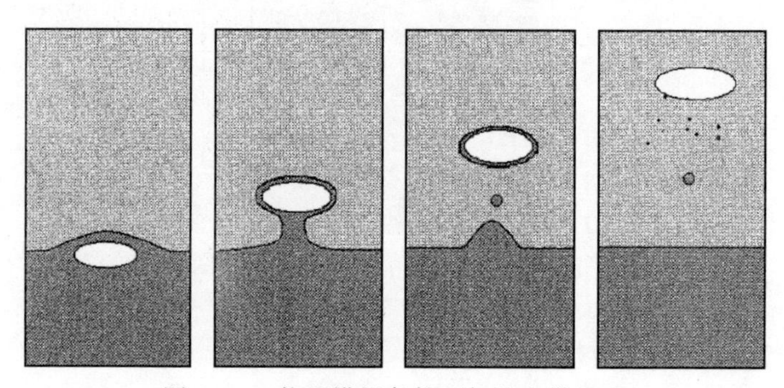

图 1-18 物理模拟条件下气泡夹带机理

1.5 本书的选题依据及研究内容

1.5.1 选题依据

我国钢铁产量巨大，钢铁厂数量众多，有的钢铁厂由于周边有矿山，使用的铁矿石以自产为主，有的钢铁厂在沿海或沿江，使用的主要是国外进口的铁矿石。由于铁矿石等原材料的差异，国内钢铁厂铁水磷含量差距明显，目前除了少数大型钢铁企业由于使用优质进口铁矿石，铁水磷含量较低以外，国内多数钢铁厂磷含量（质量分数）在 0.1% ~0.25% 之间。未来随着优质铁矿石资源被不断消耗，钢铁厂将不可避免使用磷含量更高的铁矿石，铁水中的磷含量将进一步增加；同时钢铁材料用户也会对钢中磷含量提出更高要求，以获得更好的产品性能。因此，在铁水磷含量不断升高、用户要求钢中磷含量更低两方面因素的作用下，开发低成本高质量的炼钢工艺显得尤为迫切。

本课题工业试验的河南凤宝特钢公司其铁水磷含量与国内大多数钢铁厂相

似，主要集中在0.12%～0.17%之间，其生产的产品主要为石油管、结构管等对硫、磷含量要求极低的钢种，一般情况下要求平均脱磷率超过92%才能满足钢种冶炼需求。该厂的原生产工艺为传统双渣工艺，该工艺能达到较高的脱磷率，能满足钢种冶炼需求。但该工艺渣料消耗高，生产成本高，迫切需要一种具备较高脱磷率满足钢种冶炼需求，同时能降低生产成本的脱磷工艺，开发留渣双渣工艺成为一种必然选择。

留渣双渣工艺脱磷阶段要完成脱除钢中大部分磷并将脱磷渣从炉内排除（否则脱碳阶段会发生回磷现象）的双重任务，是留渣双渣工艺生产中的难点。对于将脱磷渣从炉内排除即倒渣过程，目前相关研究极少，众所周知，炉渣泡沫化后炉渣体积膨胀方能完成倒渣过程，因此，研究脱磷阶段倒渣过程必然需要研究炉渣泡沫化相关理论。另外，脱磷理论的研究和完善一直是转炉炼钢研究的热点。本书以河南凤宝特钢50t转炉为研究对象，针对留渣双渣工艺倒渣及脱磷等关键冶炼环节，通过现场取样分析、实验室物理模拟、实验室热态实验及工业试验等方法，系统研究了留渣双渣工艺倒渣及脱磷理论，相关研究成果可为钢铁厂开发留渣双渣工艺提供指导。

1.5.2　研究内容

研究内容主要包括：

（1）通过采集转炉生产数据，对比留渣双渣工艺与原双渣工艺的脱磷率、渣料消耗、吹氧时间、钢铁料消耗等指标，分析留渣双渣工艺在生产成本上的优势，同时研究了留渣双渣工艺脱磷阶段倒渣量、倒渣铁损、脱磷等，证实了脱磷阶段脱磷及倒渣对留渣双渣工艺开发的重要性。

（2）在留渣双渣工艺脱磷阶段结束倒渣时分别取上部、下部、底部泡沫渣，冷却后统计了各部位泡沫渣中气泡数量、气泡当量直径、气泡球形度、计算孔隙率等参数，分析了各部位泡沫渣中气泡的数量、尺寸、面积及形态的排列趋势，得出了增加留渣双渣工艺脱磷阶段结束倒渣量的控制条件。

（3）使用水和硅油分别模拟钢液和炉渣，通过设置在实验装置底部的喷嘴释放不同直径的单个空气气泡，研究单个气泡穿越水/硅油界面的过程，通过分析气泡尺寸、运动速度、硅油密度等参数，回归得出了气泡穿越水/硅油界面夹带率的计算公式，探讨了气泡夹带机理。

（4）通过FactSage热力学软件及实验室热态实验，分析了低碱度条件下炉渣中磷的存在形式，探明了低碱度条件下炉渣的物相析出规律，并进一步研究了磷在炉渣不同物相间的分配行为，分析了Al_2O_3熔融改性对转炉渣中磷富集行为的影响规律，提出了提高脱磷阶段脱磷率的渣系控制条件。

（5）转炉生产试验，进一步总结试验结果，提出了工业生产条件下留渣双渣工艺冶炼关键技术。

2 转炉脱磷工艺现状评价

河南凤宝特钢转炉的原生产工艺为传统双渣工艺，该工艺能达到较高的脱磷率，能满足钢种冶炼需求。但该工艺渣料消耗高，生产成本高，为了降低生产成本，提高企业竞争力，企业自主开发了留渣双渣工艺。本章采集了转炉生产数据，对比了留渣双渣工艺与原双渣工艺的脱磷率、渣料消耗、吹氧时间、钢铁料消耗等指标，分析留渣双渣工艺在生产成本上的优势，同时探究了留渣双渣工艺脱磷阶段倒渣量、倒渣铁损、脱磷等指标的影响因素，探明了后续理论研究的重点。

2.1 转炉装备及工艺现状

2.1.1 转炉冶炼工艺

该厂使用转炉转入量为50t，如图2-1所示。

图2-1 50t转炉生产实物图

该厂原双渣工艺与第1章所述双渣工艺流程基本相同，其冶炼流程时间分布图如图2-2所示。将转炉吹炼开始时间记为 *T*1，吹炼开始后加入大部分石灰、白云石等造渣料，脱磷阶段吹炼结束时间记为 *T*2，此时开始倒渣，倒渣结束时间记为 *T*3，之后继续吹炼并加入少部分造渣料，这个阶段称为脱碳阶段。脱碳阶段末期根据钢种碳含量需求确定停止吹氧时间，此时称为拉碳，若一次拉碳碳不合格，继续吹氧，称为二次拉碳，脱碳阶段结束时间记为 *T*4，*T*4之后出钢并加入钢种需求合金，出钢结束时间记为 *T*5，*T*5之后进行溅渣护炉→倒渣→加废钢→兑铁水等操作，进入下一炉的冶炼，如此不断循环。

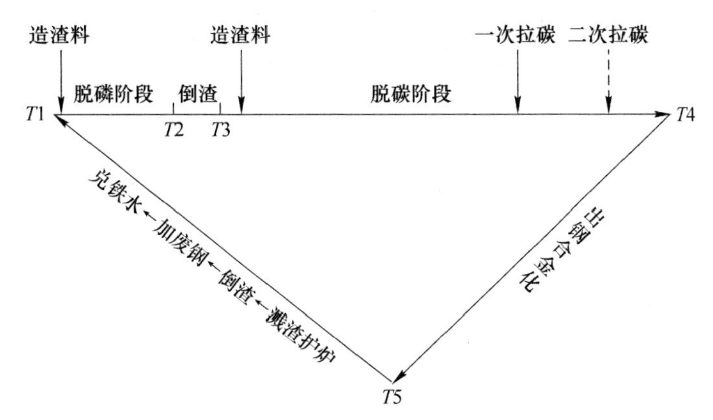

图 2-2 原双渣工艺冶炼流程时间分布图

该留渣双渣工艺冶炼流程时间分布图如图 2-3 所示。将转炉吹炼开始时间记为 *T*1，吹炼开始后加入大部分石灰、白云石等造渣料，脱磷阶段吹炼结束时间记为 *T*2，此时开始倒渣，倒渣结束时间记为 *T*3，之后继续吹炼并加入少部分造渣料，这个阶段称为脱碳阶段，脱碳阶段末期根据钢种碳含量需求确定停止吹氧时间，此时称为拉碳。若一次拉碳碳不合格，继续吹氧，称为二次拉碳，脱碳阶段结束时间记为 *T*4，*T*4 之后出钢并加入钢种需求合金，出钢结束时间记为 *T*5，*T*5 之后进行溅渣护炉→加废钢→兑铁水等操作，进入下一炉的冶炼，如此不断循环。可见留渣双渣工艺与双渣工艺的区别主要是留渣双渣工艺溅渣结束将炉渣保留不倒渣，而双渣工艺将炉渣全部倒出。

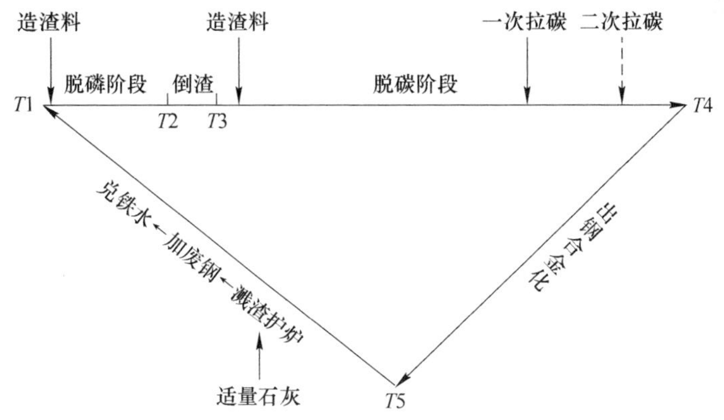

图 2-3 留渣双渣工艺冶炼流程时间分布图

2.1.2 转炉供氧系统

该厂转炉使用 4 喷嘴氧枪吹氧，氧枪吹氧流量 170～180m^3/min，供氧压力不小于 0.75MPa，喷嘴处氧气速度 2*Ma*，见表 2-1。

表 2-1 转炉供氧系统关键参数

出口马赫数	喷孔数量	工作氧压/MPa	氧气流量/$m^3 \cdot min^{-1}$
2	4	>0.75	170～180

2.1.3 转炉使用的原材料

转炉造渣原料为石灰、白云石、烧结矿等，其中石灰中氧化钙含量（质量分数）为93%，白云石中氧化镁含量（质量分数）为36%，烧结矿中氧化铁含量（质量分数）为64%，见表2-2。

表 2-2 转炉主要造渣料及其主要成分

石灰	白云石	矿石（烧结矿）

$w(CaO)=93\%$	$w(MgO)=36\%$	$w(Fe_2O_3)=64\%$

使用铁水碳含量（质量分数）为4.2%～4.7%，硅含量（质量分数）为0.3%～0.8%，磷含量（质量分数）为0.12%～0.17%，锰含量（质量分数）为0.10%～0.40%，铁水温度一般在1200～1400℃之间，废钢装入量2～8t，见表2-3。

表 2-3 转炉入炉铁水条件及废钢搭配量

铁水主要成分质量分数/%				铁水温度/℃	废钢量/t
C	Si	P	Mn		
4.2～4.7	0.3～0.8	0.12～0.17	0.10～0.40	1200～1400	2～8

2.2 冶炼工艺对脱磷效果及物料消耗的影响

本节采集了200炉转炉生产数据，对比留渣双渣工艺与原双渣工艺的脱磷率、渣料消耗、供氧时间、钢铁料消耗等指标，分析留渣双渣工艺在生产成本上的优势。

2.2.1 脱磷率对比

原双渣工艺与留渣双渣工艺脱磷率比较如图2-4所示，其中脱磷率的计算公式为：

$$脱磷率 = \frac{[\%P]^0 - [\%P]}{[\%P]^0} \times 100\% \quad (2-1)$$

式中 $[\%P]^0$——入炉铁水初始磷含量（质量分数），%；

$[\%P]$——冶炼终点磷含量（质量分数），%。

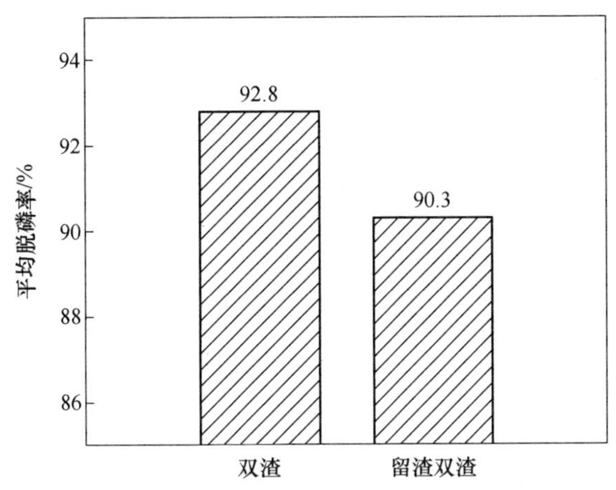

图 2-4 双渣工艺与留渣双渣工艺平均脱磷率比较

可见原双渣工艺平均脱磷率 92.8%，留渣双渣工艺平均脱磷率为 90.3%，留渣双渣工艺与原双渣工艺在脱磷率上存在一定的差距，无法达到钢种冶炼平均脱磷率大于 92% 的要求，有必要对留渣双渣工艺进一步研究，以获得更好的脱磷率。

2.2.2 渣料消耗对比

渣料消耗指吨钢渣料消耗，使用渣料主要为石灰和白云石，渣料消耗定义式如下：

$$Z = \frac{W_{石灰} + W_{白云石}}{W_{铁水} + W_{废钢}} \quad (2-2)$$

式中 $W_{石灰}$——单炉石灰加入量，kg；

$W_{白云石}$——单炉白云石加入量，kg；

$W_{铁水}$——单炉铁水重量，t；

$W_{废钢}$——单炉废钢重量，t；

Z——渣料消耗，kg/t。

图 2-5 为原双渣工艺与留渣双渣工艺平均渣料消耗对比，原双渣工艺平均渣料消耗为 69.3kg/t，而留渣双渣工艺渣料消耗比双渣工艺低 18.1kg/t，降幅达 26.1%，可见留渣双渣工艺在渣料消耗指标上具有明显的优势。

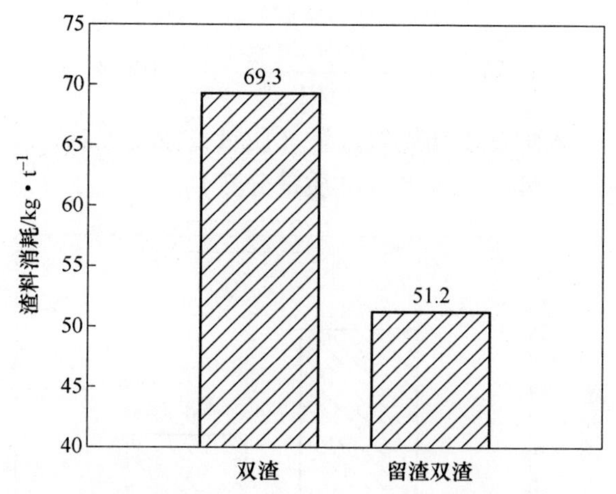

图 2-5 原双渣工艺与留渣双渣工艺平均渣料消耗比较

2.2.3 吹氧时间对比

转炉生产应控制合适的吹氧时间，吹氧时间过短，石灰等渣料来不及熔化，无法达到较好的冶炼效果，吹氧时间过长，生产周期增加，不利于后道工序生产且转炉生产效率低，无法完成炼钢产量等指标。

如图 2-6 所示，原双渣工艺吹氧时间在 13.2～15.5min 之间，波动区间为 2.3min，平均值为 14.2min，而留渣双渣工艺吹氧时间在 14.3～19.4min 之间，波动区间为 5.1min，平均值为 16.9min。因此，留渣双渣工艺吹氧时间不稳定，不利于后工序稳定生产，且吹氧时间过长，不利于转炉快节奏生产。

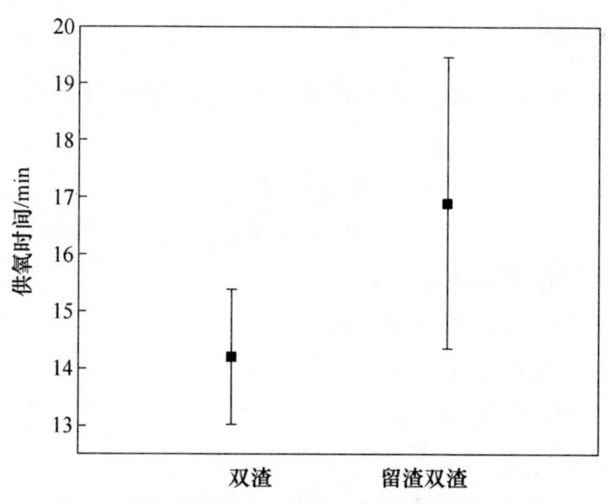

图 2-6 原双渣工艺与留渣双渣工艺吹氧时间比较

如图 2-7 所示，双渣工艺连续生产时平均吹氧时间稳定在 14min 左右，而留渣双渣工艺吹氧时间更长，第一炉平均为 15.9min，第二炉增加到 17.1min，第三炉继续增加到 18.6min，吹氧时间随着连续生产的炉数呈显著增加的趋势。主要原因在于留渣双渣工艺留渣后炉内渣量过多，渣层随炉数增加逐渐变厚，氧气在吹炼过程中难以穿透渣层，导致氧气利用率下降，吹氧时间随之增加，由于吹氧时间增加趋势明显，该厂一般只连续留渣 1～2 炉，无法使用留渣双渣工艺连续生产。

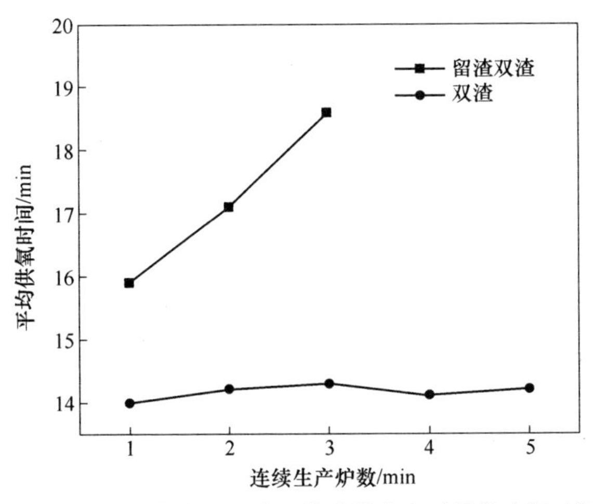

图 2-7 原双渣工艺与留渣双渣工艺连续生产时平均吹氧时间比较

2.2.4 钢铁料消耗对比

钢铁料消耗时入炉金属总重量与钢液重量之比，钢铁料消耗越低表明金属收得率越高，冶炼过程中金属损失越少，其定义式如下：

$$\varphi = \frac{W_i + W_s + W_a}{W_b} \times 1000 \tag{2-3}$$

式中 W_i——入炉铁水重量，kg；

W_s——入炉废钢重量，kg；

W_a——出钢时合金使用量，kg；

W_b——出钢后钢液重量，t；

φ——钢铁料消耗，kg/t。

如图 2-8 所示，留渣双渣工艺钢铁料消耗为 1095kg/t，而双渣工艺钢铁料消耗为 1097kg/t，留渣双渣工艺钢铁料消耗指标仅下降 2kg/t，对比其他企业生产数据（一般下降 5～10kg/t），该厂留渣双渣工艺炼钢金属损失大，生产成本高。

综上所述，该厂留渣双渣工艺取得了一定成果，如渣料消耗降低明显，钢铁料消耗也有小幅度下降，同时也存在大量问题亟待研究，如吹氧时间过长，脱磷

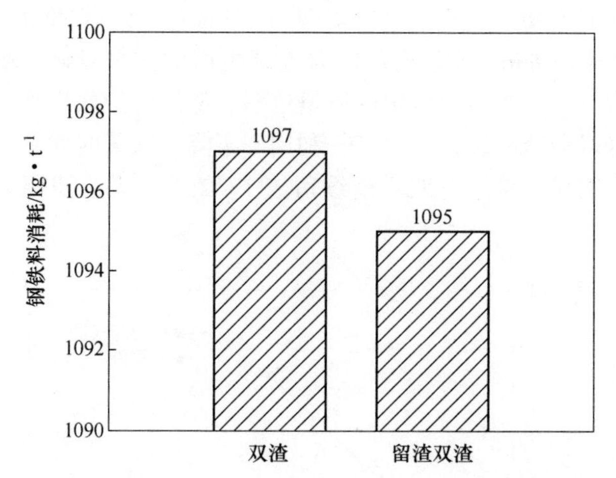

图 2-8 原双渣工艺与留渣双渣工艺钢铁料消耗比较

率低无法满足钢种生产需求，钢铁料消耗依然有大幅下降的空间。

2.3 留渣双渣工艺技术难点

本节采集了 20 炉生产数据，研究了留渣双渣工艺脱磷阶段倒渣量、倒渣铁损、脱磷率等的影响因素，为留渣双渣工艺理论研究提供依据。

2.3.1 脱磷阶段结束倒渣量

对于转炉倒渣量的计算目前主要通过称重转炉渣罐倒渣前、后重量获得，数据由行车称重系统读取，称重系统测量误差±10kg，如图 2-9 所示。

图 2-9 脱磷阶段结束倒渣重量测量方法

由图 2-10 可见，留渣双渣工艺吹氧时间随脱磷阶段结束倒渣量的增加而降低，倒渣量大致在 35 ~ 65kg/t 范围内波动，而吹氧时间对应在 19 ~ 15min 之间，倒渣量为 40kg/t 时，其平均吹氧时间为 18.1min，当倒渣量增加到 60kg/t 时，平均吹氧时间为 15.5min。脱磷阶段结束倒渣时，倒渣量越多炉内剩余渣量越少，脱碳阶段氧气能更好地穿透渣层，氧气利用率增加，吹氧时间降低。因此，控制脱磷阶段结束倒渣量是稳定吹氧时间的关键。

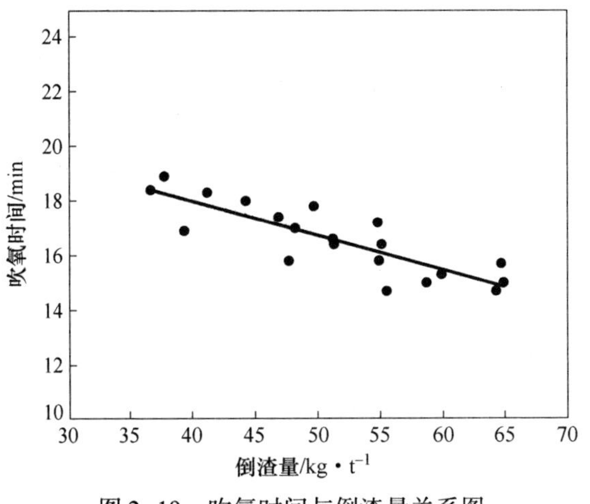

图 2-10 吹氧时间与倒渣量关系图

2.3.2 脱磷阶段结束倒渣铁损

图 2-11 为钢铁料消耗与脱磷渣中 TFe 含量变化趋势图，可见，留渣双渣工艺钢铁料消耗随脱磷渣中 TFe 含量的增加而升高，脱磷渣中 TFe 含量（质量分

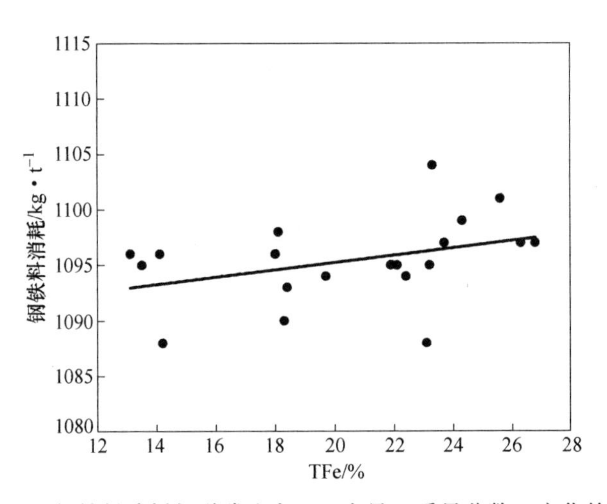

图 2-11 钢铁料消耗与脱磷渣中 TFe 含量（质量分数）变化趋势图

数）大致在 12% ~28% 范围内波动，而钢铁料消耗对应在 1090 ~1100kg/t 之间，TFe 含量（质量分数）大于 25% 时，其平均钢铁料消耗为 1099kg/t，当脱磷渣中 TFe 含量（质量分数）降低到 15% 以下时，其平均钢铁料消耗下降到 1093kg/t。吹炼过程中损失的金属，大部分进入渣中，TFe 含量越高表面进入渣中的金属越多，钢水收得率越低，因此，控制渣中 TFe 含量对于降低钢铁料消耗尤为重要。

2.3.3 脱磷阶段脱磷率

图 2-12 为转炉冶炼终点脱磷率与脱磷阶段脱磷率变化趋势图，可见，留渣双渣工艺冶炼终点脱磷率随脱磷阶段脱磷率的增加而增加，脱磷阶段脱磷率在 58% ~78% 范围内波动，而冶炼终点脱磷率对应在 85% ~92% 之间，脱磷阶段脱磷率小于 60% 时，其平均冶炼终点脱磷率为 86%，当脱磷阶段脱磷率大于 70% 时平均冶炼终点脱磷率增加到 90% 以上。因此，脱磷阶段应尽可能脱除更多的磷，为提高转炉冶炼终点脱磷率创造条件。

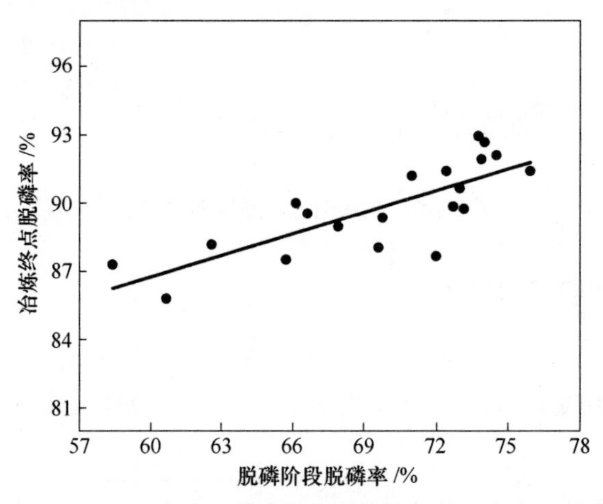

图 2-12 转炉冶炼终点脱磷率与脱磷阶段脱磷率变化趋势图

综上所述，留渣双渣工艺脱磷阶段结束倒渣量是控制吹氧时间的关键因素，渣中 TFe 含量决定了钢铁料消耗的高低，脱磷阶段脱磷率则对冶炼终点脱磷率有重要影响。倒渣量决定了脱碳阶段渣层的厚度和氧气利用率，从而影响吹氧时间；渣中 TFe 含量决定了倒渣时的金属损失量即铁损，从而影响钢铁料消耗的高低；而脱磷阶段脱磷率越高，脱碳阶段脱磷负担越轻，冶炼终点脱磷率越高。因此，本书着重研究了脱磷阶段倒渣量、倒渣铁损、脱磷率的影响因素，为钢铁企业开发留渣双渣工艺提供理论及技术指导。

2.4 本章小结

本章小结如下：

(1) 留渣双渣工艺取得了一定成果，如渣料消耗降低明显，钢铁料消耗也有小幅度下降，同时也存在吹氧时间过长，脱磷率低无法满足钢种生产需求，钢铁料消耗依然有大幅下降的空间。

(2) 脱磷阶段结束倒渣时，倒渣量越多炉内剩余渣量越少，脱碳阶段氧气能更好地穿透渣层，氧气利用率增加，吹氧时间降低，控制脱磷阶段结束倒渣量是稳定吹氧时间的关键。

(3) 吹炼过程中损失的金属，大部分进入渣中，TFe 含量越高表面进入渣中的金属越多，钢水收得率越低，控制渣中 TFe 含量对于降低钢铁料消耗尤为重要。

(4) 而脱磷阶段脱磷率越高，脱碳阶段脱磷负担越轻，冶炼终点脱磷率越高，脱磷阶段应尽可能脱除更多的磷，为提高转炉冶炼终点脱磷率创造条件。

3 脱磷阶段泡沫渣形成过程研究

脱磷阶段结束倒渣时，倒渣量越多炉内剩余渣量越少，脱碳阶段氧气能更好地穿透渣层，氧气利用率增加，吹氧时间降低，控制脱磷阶段结束倒渣量是稳定吹氧时间的关键。由于炉渣与钢液的黏附力，炉渣常规状态下在保证钢水不被倒出的情况下是难以从炉内倒出的，目前公认的手段是控制炉渣泡沫化，使炉渣的体积大幅增加，可能为原体积的十几倍甚至几十倍，再配合摇炉至合适的角度将炉渣从炉内倒出。

留渣双渣工艺将上炉脱碳阶段结束的炉渣留至下炉脱磷阶段使用，由于脱碳渣中含有一定的磷元素其难以 1：1 替代脱磷阶段加入的渣料，这样相对传统双渣工艺，其脱磷阶段渣量更大，倒渣任务也更艰巨。前人的研究结果表明，提高炉渣的流动性可以获得更大的倒渣量，如减少造渣时白云石的加入量，使渣中氧化镁含量在一个特别低的范围内，另外配合使用磷的质量分数较低（≤0.10%）的铁水，减少石灰等渣料加入量，减少脱磷渣渣量。由于脱磷渣渣量小，倒渣任务小，且脱磷渣具有较好的流动性，从而解决了获得足够倒渣量的难题。但该技术也存在明显的缺点，即需要使用磷含量较低的铁水，而国内大多数钢铁厂磷含量无法满足该要求。因此，开发一种适合国内多数钢铁厂铁水条件的留渣双渣倒渣技术显得尤为迫切。

炉渣泡沫化使炉渣体积增大十几倍甚至几十倍是脱磷阶段倒渣的主要方法，本章在脱磷阶段倒渣时分别取上部、下部、底部泡沫渣，泡沫渣冷却后通过宏观及微观统计了各部位泡沫渣中气泡数量、气泡当量直径、气泡球形度，计算孔隙率等参数，分析了各部位泡沫渣中气泡的数量、尺寸、面积及形态的排列趋势，得出了增加留渣双渣工艺脱磷阶段结束倒渣量的控制条件。

3.1 实验概述

3.1.1 实验装置

通过控制合适的转炉角度来获取不同部位泡沫渣，在 50t 转炉生产现场取样，将转炉中心线与竖直方向的夹角定义为转炉角度，如图 3-1 所示，θ 即为转炉角度，当转炉处于竖直状态即中心线与竖直线重合时定义为零位。

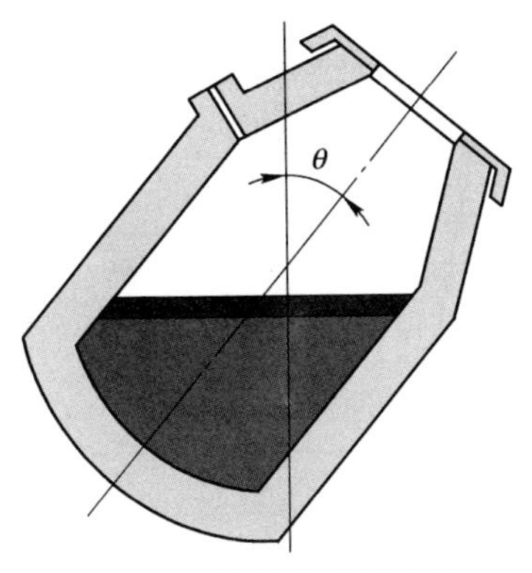

图 3-1 转炉角度示意图

3.1.2 实验方案

泡沫渣取样器为生产用取样勺，其头部为圆形，类似碗状，如图 3-2 所示。

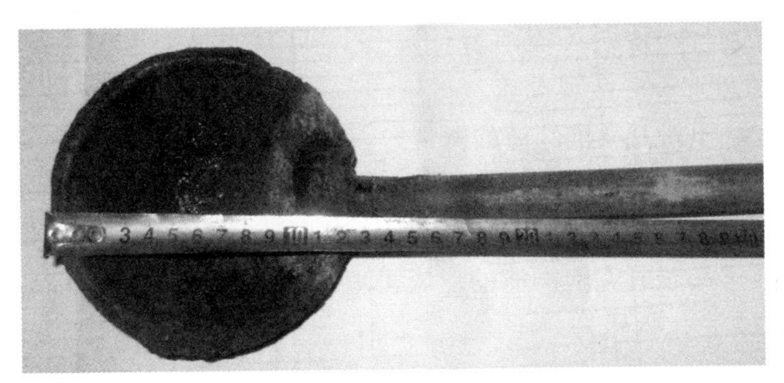

图 3-2 泡沫渣取样器头部形貌

分别在倒渣开始、倒渣末期、倒渣结束时取样，将倒渣开始时所取的泡沫渣称为上部泡沫渣，倒渣末期所取泡沫渣称为下部泡沫渣，倒渣结束炉内所取泡沫渣称为底部泡沫渣，如图 3-3 所示。

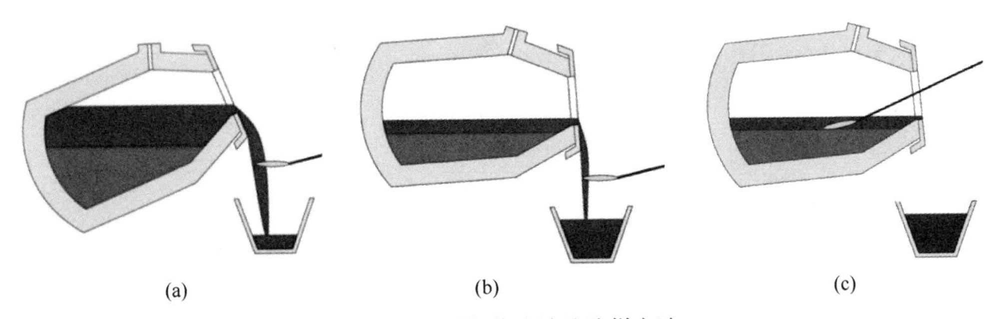

图 3-3 不同部位泡沫渣取样方法

（a）倒渣开始上部泡沫渣；（b）倒渣末期下部泡沫渣；（c）倒渣结束炉内底部泡沫渣

控制炉渣合适的泡沫化程度，取样前将取样器放置在炉口下方泡沫渣溢出流过的位置，取上部泡沫渣时将转炉摇炉至泡沫渣刚好溢出的角度，待取样器装满后将转炉摇炉至零位，将上部泡沫渣取走后，继续正常倒渣，倒渣末期使用样勺接取下部泡沫渣，倒渣结束后，使用样勺伸入炉内取底部泡沫渣，泡沫渣凝固过程中气泡收缩，保持取样器平稳，表 3-1 为实验炉次取样时转炉实际角度，分别为 46°、72°和 79°。

表 3-1　泡沫渣取样时转炉角度　(°)

上部	下部	底部
46	72	79

3.1.3　分析方法

所取渣样冷却后，从取样器取出后，通过以下方法分析泡沫渣的形成过程：

（1）泡沫渣形貌的宏观观察。使用普通刻度卷尺及相机拍照，研究不同部位泡沫渣的宏观形貌特点。

（2）泡沫渣形貌的微观观察。将不同部位泡沫渣磨平、镶样、抛光、喷碳之后，使用扫描电镜观察泡沫渣的微观形貌。

（3）泡沫渣气泡的统计分析。选取泡沫渣扫描电镜照片，利用用 Image-Pro Plus 6.0 软件统计泡沫渣中气泡的数量、气泡当量直径、气泡球形度，计算孔隙率等参数，并进一步研究泡沫渣的形成机理，图 3-4 所示为 Image-Pro Plus 6.0 软件分析界面。

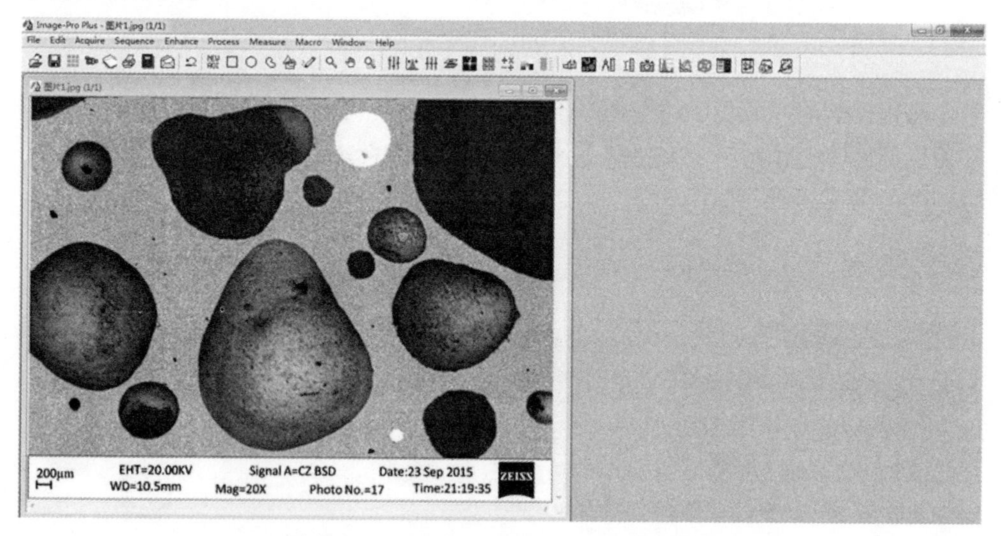

图 3-4　Image-Pro Plus 6.0 软件处理界面

Image-Pro Plus 6.0 软件可通过统计单个气泡周长、面积等参数计算单个气泡的当量直径、气泡球形度等，在此基础上可进一步计算气泡平均当量直径、平均球形度，并通过大量数据计算泡沫渣孔隙率，相关参数计算公式如下：

（1）单个气泡当量直径（D_b）。

$$D_b = \sqrt{\frac{4S_b}{\pi}} \tag{3-1}$$

式中 S_b——单个气泡面积，μm²；

D_b——单个气泡当量直径，μm。

（2）单个气泡球形度（C_b）。

$$C_b = \frac{4\pi \cdot S_b}{P_b^2} \tag{3-2}$$

式中 P_b——单个气泡周长，μm；

C_b——单个气泡球形度，无量纲。

（3）气泡平均当量直径（$\overline{D_b}$）。

$$\overline{D_b} = \sqrt{\frac{4\sum S_b}{N\pi}} \tag{3-3}$$

式中 $\sum S_b$——气泡总面积，μm²；

N——气泡总数，个；

$\overline{D_b}$——气泡平均当量直径，μm。

（4）气泡平均球形度（$\overline{C_b}$）。

$$\overline{C_b} = \frac{\sum C_b}{N} \tag{3-4}$$

式中 $\overline{C_b}$——气泡平均球形度，无量纲。

（5）单位面积气泡个数（$\overline{N}$）。

$$\overline{N} = \frac{N}{\sum S} \times 10^6 \tag{3-5}$$

式中 $\sum S$——照片面积总和，μm²；

$\overline{N}$——单位面积气泡个数，个/mm²。

（6）泡沫渣孔隙率（K）。

$$K = \frac{\sum S_b}{\sum S} \times 100\% \tag{3-6}$$

式中 K——泡沫渣孔隙率，%。

3.2 脱磷阶段泡沫渣气泡形貌

3.2.1 泡沫渣宏观气泡形貌

图3-5为脱磷阶段结束倒渣时不同部位所取泡沫渣的宏观形貌。由图3-5（a）可见，上部泡沫渣疏松多孔，气泡呈不规则形状，通过标尺判断大气泡直径在5mm以上，而小气泡直径小于2mm，且大气泡相对数量较少，小气泡数量众多。由于热胀冷缩原理，所观察到气泡的尺寸应远小于炉内泡沫渣的实际尺寸。

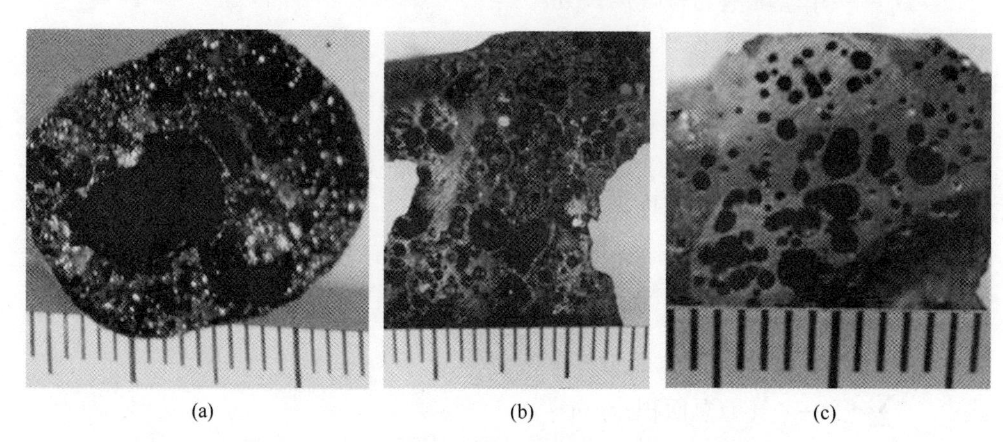

(a) (b) (c)

图3-5 脱磷阶段结束倒渣不同部位泡沫渣宏观形貌

（a）上部；（b）下部；（c）底部

由图3-5(b) 可见，下部泡沫渣同样疏松多孔，但整体比上部泡沫渣致密，气泡同样呈不规则形状，但球形气泡相对较多，通过标尺判断大气泡直径在2mm以上，而小气泡直径小于2mm，同样大气泡相对数量较少，小气泡数量众多，总体上下部泡沫渣气泡尺寸小于上部泡沫渣。

由图3-5(c) 可见，底部泡沫渣也疏松多孔，但整体比上部和下部泡沫渣致密，气泡部分呈不规则形状，球形气泡相对较多，通过标尺判断大气泡直径在2mm以上，而小气泡直径小于2mm，同样大气泡相对数量较少，小气泡数量众多，总体上底部泡沫渣气泡尺寸小于上部泡沫渣，稍小于下部泡沫渣，但差距不明显。

3.2.2 泡沫渣微观气泡形貌

图3-6为底部泡沫渣磨平、镶样、抛光、喷碳之后，使用扫描电镜在不同放大倍率下观察到的微观形貌，图3-7为图3-6(c) 电镜照片对应的面扫描照片。结合图3-6和图3-7可见，底部泡沫渣由渣相、气泡和铁珠组成，其中电镜照片中灰色连续相为渣相、黑色分散相为气泡，白色分散相为铁珠，其中铁珠为泡沫渣形成时气泡穿越钢/渣界面夹带形成，是造成倒渣时铁损的主要原因。

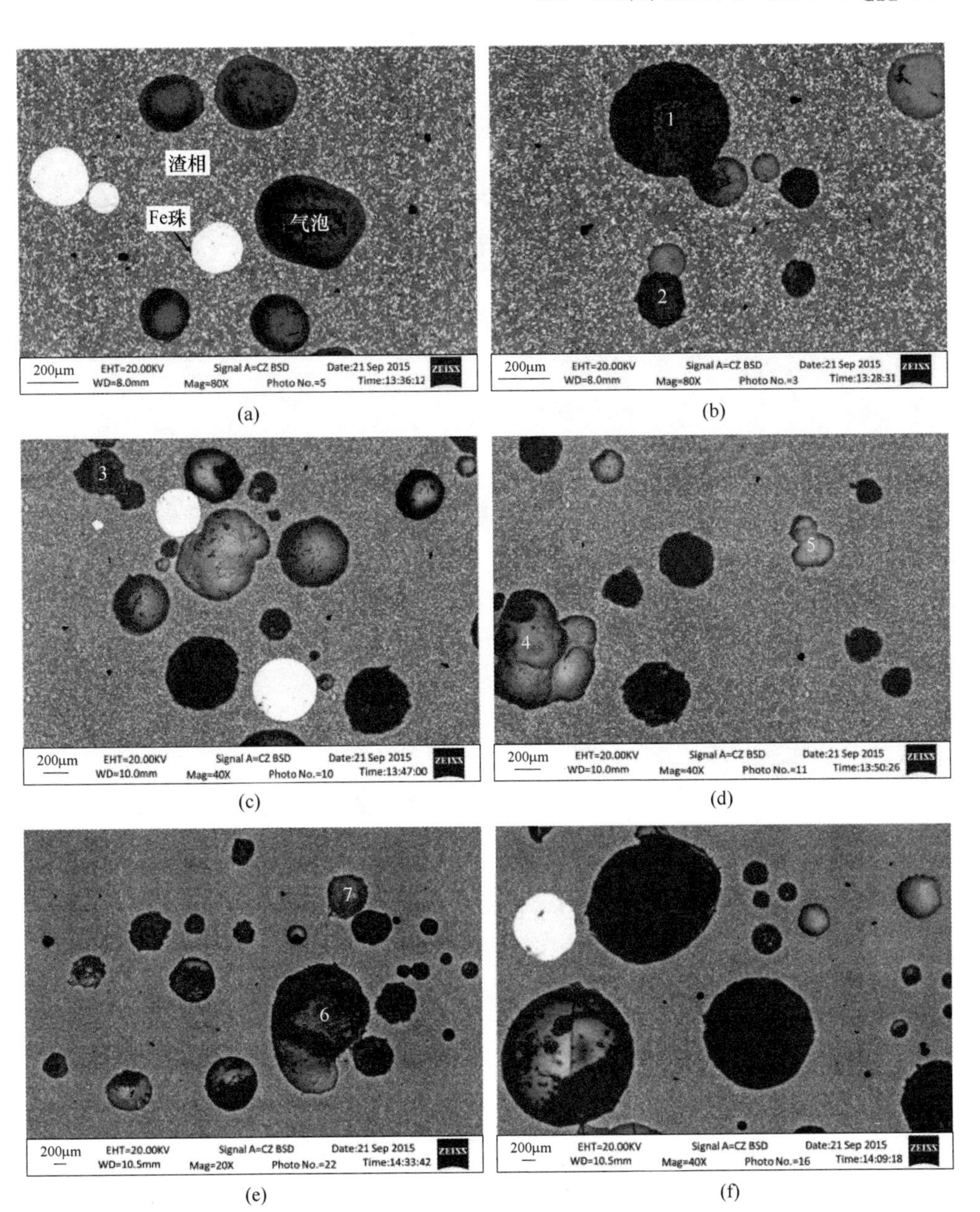

图 3-6 底部泡沫渣扫描电镜照片

由图 3-6 可见，底部泡沫渣中气泡以单个气泡为主，气泡尺寸参差不齐，多数气泡直径集中在 100～2000μm，其中以直径在 100～500μm 最多，同时也存在直径在 2000μm 以上的大气泡，不同观察位置气泡尺寸相差很大。与宏观形貌观察结果相同，部分气泡为不规则形状，多数气泡接近球形，且气泡越小越接近球形。

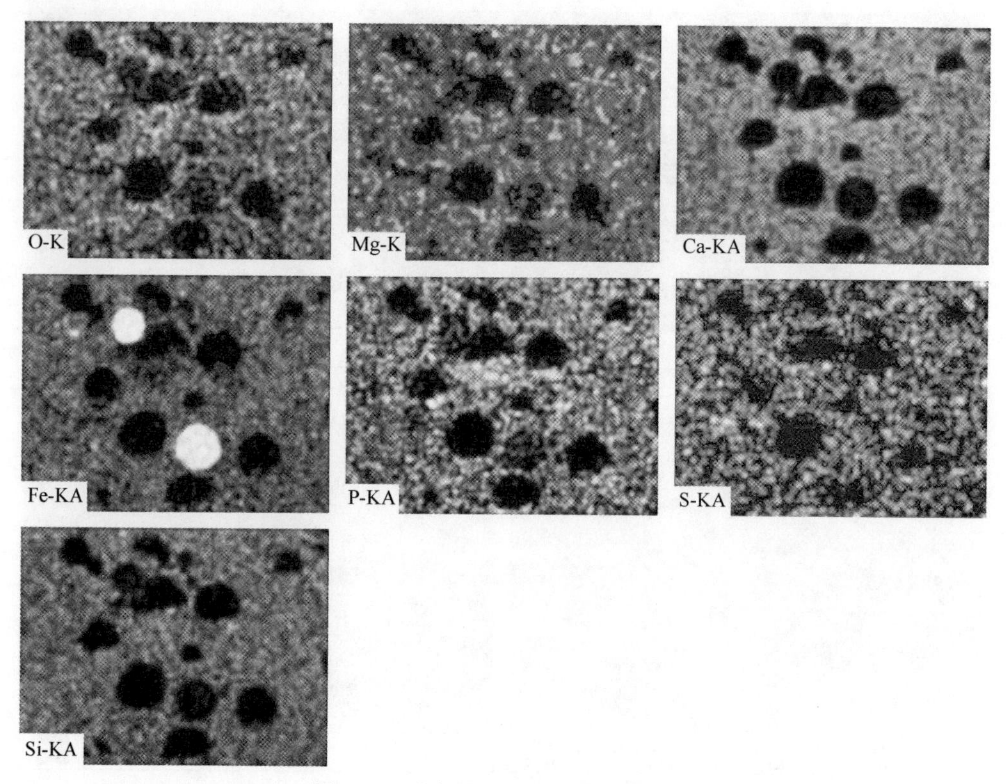

图 3-7 对应图 3-6(c) 面扫描照片

由图3-6和图3-7可见，底部泡沫渣中存在大量正在发生碰撞的气泡，并有合并长大的趋势。气泡1、2、5、6、7为正在碰撞的两个气泡，每个气泡直径在100~2000μm不等。气泡3为3个气泡的碰撞、气泡4为3个以上气泡的碰撞，每个气泡的直径同样在100~2000μm之间。因此，在底部泡沫渣中，单个气泡在上升过程中气泡之间就不断发生碰撞，碰撞可能发生在两个气泡之间，也可能发生在多个气泡之间，并以两个气泡之间的碰撞为主，多个气泡之间的碰撞相对较少，气泡碰撞后两个气泡或多个气泡将合并成一个大气泡。

图3-8为下部泡沫渣使用扫描电镜在不同放大倍率下观察到的微观形貌，由图3-8可见，下部泡沫渣同样由渣相、气泡和铁珠组成。与底部泡沫渣相似，下部泡沫渣中气泡同样以单个气泡为主，气泡尺寸差距明显，多数气泡直径集中在100~2000μm，其中以直径在100~500μm最多，同时也存在直径在2000μm以上的大气泡。与宏观形貌观察结果相同，部分气泡为不规则形状，多数气泡接近球形，且气泡越小越接近球形。

由图3-8可见，下部泡沫渣中同样存在大量正在发生碰撞的气泡，并有合并长大的趋势。气泡1、5、6、7、8为正在碰撞的两个气泡，每个气泡直径

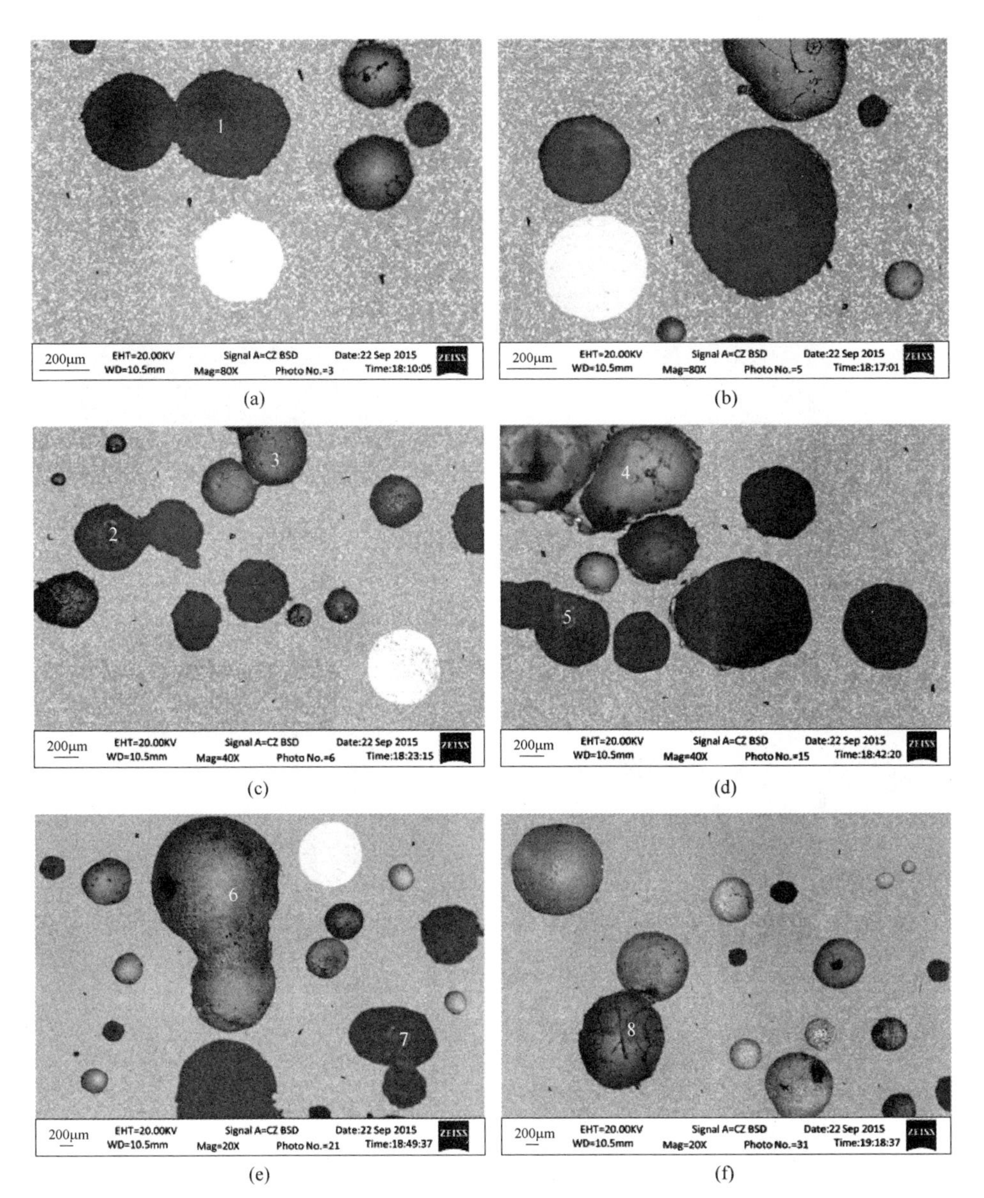

图 3-8 下部泡沫渣扫描电镜照片

在 100～2000μm 不等。气泡 2、3 为 3 个气泡的碰撞、气泡 4 为 3 个以上气泡的碰撞，每个气泡的直径同样在 100～2000μm 之间。因此，在下部泡沫渣中，与底部泡沫渣相似，单个气泡在上升过程中气泡之间就不断发生碰撞，碰撞可能发生在两个气泡之间，也可能发生在多个气泡之间，并以两个气泡之间的碰撞为主，气泡碰撞后两个气泡或多个气泡将合并成一个大气泡。

图 3-9 为上部泡沫渣使用扫描电镜在不同放大倍率下观察到的微观形貌，由

图 3-9 可见，上部泡沫渣同样由渣相、气泡和铁珠组成。与底部、下部泡沫渣相似，上部泡沫渣中气泡同样以单个气泡为主，气泡尺寸差距明显，多数气泡直径集中在 100 ~ 2000μm，其中以直径在 100 ~ 500μm 最多，同时也存在直径在 5000μm 以上的大气泡。与宏观形貌观察结果相同，部分气泡为不规则形状，多数气泡接近球形，且气泡越小越接近球形。

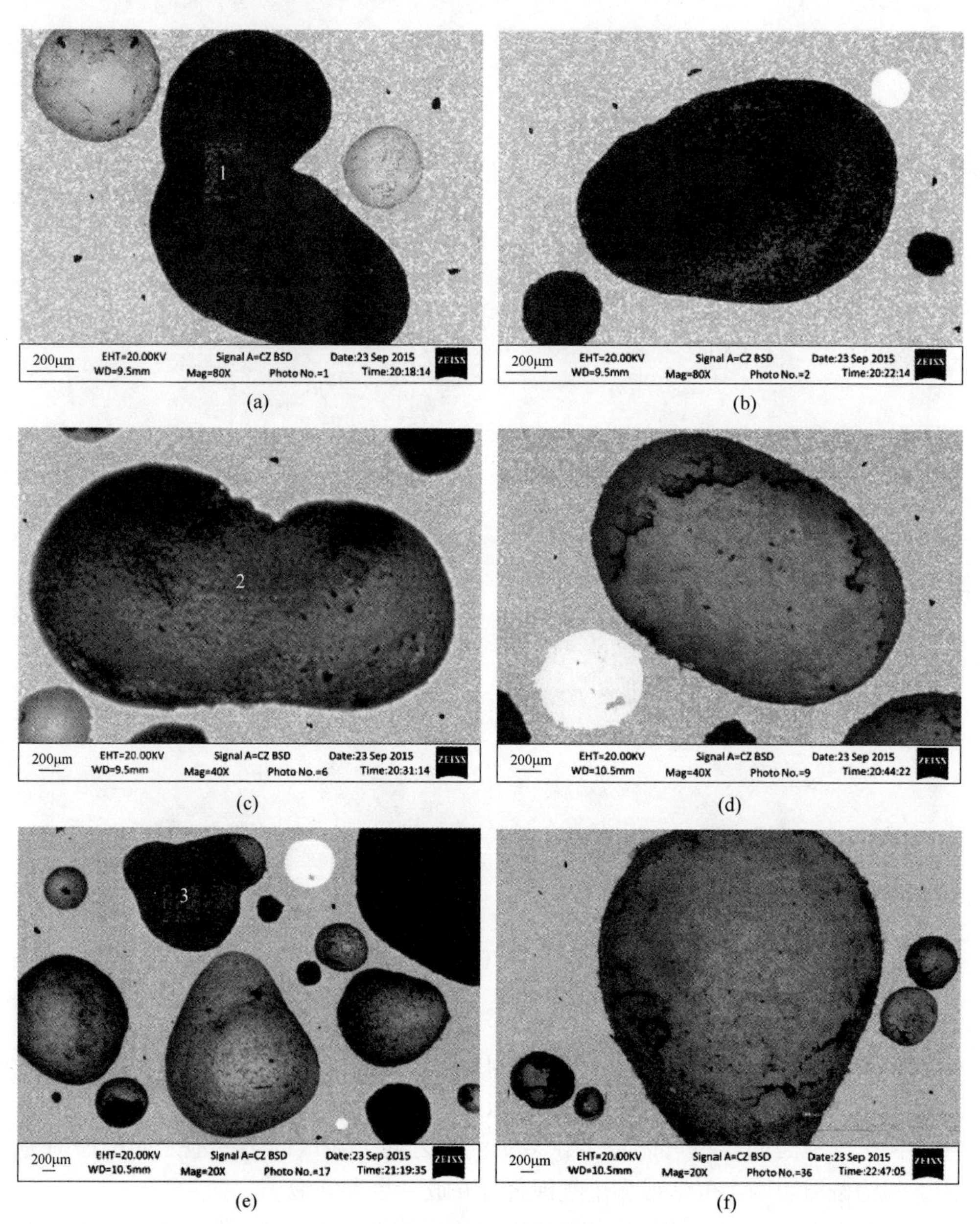

(a) (b) (c) (d) (e) (f)

图 3-9 上部泡沫渣扫描电镜照片

由图3-9可见，上部泡沫渣中同样存在大量正在发生碰撞的气泡，并有合并长大的趋势。气泡1、2为正在碰撞的两个气泡，每个气泡直径在100~2000μm不等。气泡3为3个气泡的碰撞，每个气泡的直径同样在100~2000μm之间。因此，在上部泡沫渣中，与底部、下部泡沫渣相似，单个气泡在上升过程中气泡之间就不断发生碰撞，碰撞可能发生在两个气泡之间，也可能发生在多个气泡之间，并以两个气泡之间的碰撞为主，气泡碰撞后两个气泡或多个气泡将合并成一个更大的气泡。

3.3 脱磷阶段泡沫渣气泡分布规律

Image-Pro Plus 6.0软件能处理并计算二维、三维图片，将电镜照片读取到Image-Pro Plus 6.0软件中，利用对比度区分气泡和渣相，对少量不能自动区分的气泡采用手动标定，处理后前后电镜照片如图3-10所示。之后，使用Image-Pro Plus 6.0软件计算处理后20个气泡的周长、面积、当量直径、球形度等，计算结果见表3-2。

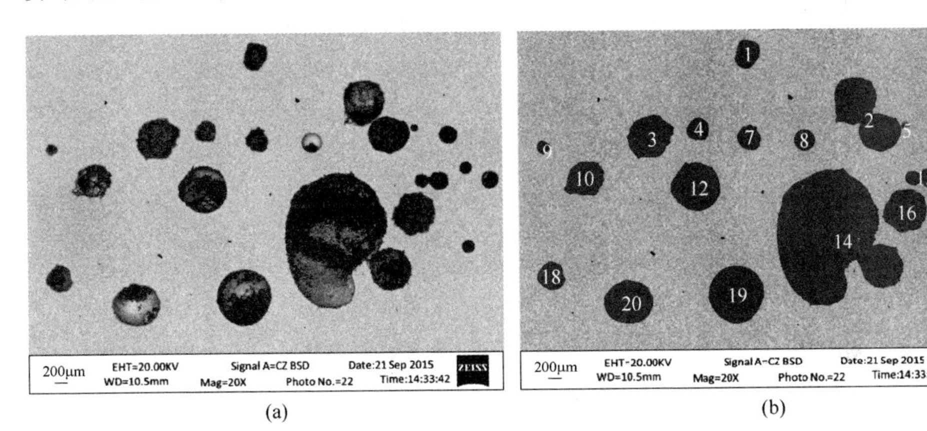

(a) (b)

图3-10 Image-Pro Plus 6.0软件处理前、后电镜照片示例

表3-2 Image-Pro Plus 6.0软件统计气泡数据（对应图3-10）

气泡编号	面积/μm²	周长/μm	当量直径/μm	球形度
1	121996	1261	394	0.96
2	636463	3667	900	0.59
3	318730	2049	637	0.95
4	87188	1053	333	0.99
5	11293	383	120	0.97
6	63016	892	283	0.99
7	96984	1111	351	0.99
8	74127	970	307	0.99
9	26372	579	183	0.99

续表 3-2

气泡编号	面积/μm²	周长/μm	当量直径/μm	球形度
10	226417	1761	537	0.92
11	29955	621	195	0.98
12	402313	2266	716	0.98
13	57710	856	271	0.99
14	2591746	7234	1817	0.62
15	104785	1348	365	0.72
16	323583	2049	642	0.97
17	32517	646	204	0.98
18	125102	1264	399	0.98
19	543651	2632	832	0.99
20	359683	2139	677	0.99

重复上述处理方法，分别统计上部、下部、底部各 60 张电镜照片，统计过程中为获得相对准确的气泡球形度参数，只统计照片中完整的气泡。

3.3.1 泡沫渣气泡尺寸分布

表 3-3 为 Image-Pro Plus 6.0 软件统计的底部、下部、上部泡沫渣部分统计参数，包括各部位气泡总数、气泡总面积、气泡平均当量直径（$\overline{D_b}$）、单位面积气泡个数（$\overline{N}$）、孔隙率（K）等。

表 3-3 不同部位泡沫渣中统计气泡参数

泡沫渣部位	气泡总数/个	气泡总面积/mm²	$\overline{N}$/个·mm⁻²	$\overline{D_b}$/μm	K/%
底部	1522	606	0.82	712	32.9
下部	1088	714	0.59	914	38.8
上部	558	1170	0.30	1635	63.5

由表 3-3 可见，泡沫渣各部位气泡总数底部>下部>上部，其中底部气泡数量 1522 个、下部 1088 个、上部 558 个；气泡总面积底部<下部<上部，其中底部气泡总面积 606mm²、下部 714mm²、上部 1170mm²；单位面积气泡数量底部>下部>上部，其中底部单位面积气泡数量 0.82 个/mm²、下部 0.59 个/mm²、上部 0.30 个/mm²；气泡平均当量直径底部<下部<上部，其中底部气泡平均当量直径 712μm、下部 914μm、上部 1635μm；孔隙率底部<下部<上部，其中底部孔隙率 32.9%、下部 38.8%、上部 63.5%。

由图 3-11 和图 3-12 可见，泡沫渣中气泡以当量直径小于 500μm 的小气泡为主，且当量直径越小气泡越多。气泡当量直径小于 500μm 时，气泡数量底部>

下部>上部，其中底部气泡数量960个、下部597个、上部172个；所占比例底部>下部>上部，其中底部63.1%、下部54.9%、上部30.8%。气泡当量直径为500～1000μm时，气泡数量底部>下部>上部，其中底部气泡数量397个、下部276个、上部117个；所占比例底部>下部>上部，其中底部26.2%、下部25.4%、上部21.2%。气泡当量直径为1000～1500μm时，气泡数量下部>上部>底部，其中底部气泡数量61个、下部85个、上部76个；所占比例底部<下部<上部，其中底部3.9%、下部7.7%、上部13.7%。气泡当量直径为1500～2000μm时，气泡数量底部<下部<上部，其中底部气泡数量72个、下部84个、上部109个；所占比例底部<下部<上部，其中底部4.7%、下部7.7%、上部19.3%。气泡当量直径大于2000μm时，气泡数量底部<下部<上部，其中底部气泡数量32个、下部46个、上部84个；所占比例底部<下部<上部，其中底部2.1%、下部4.2%、上部15%。

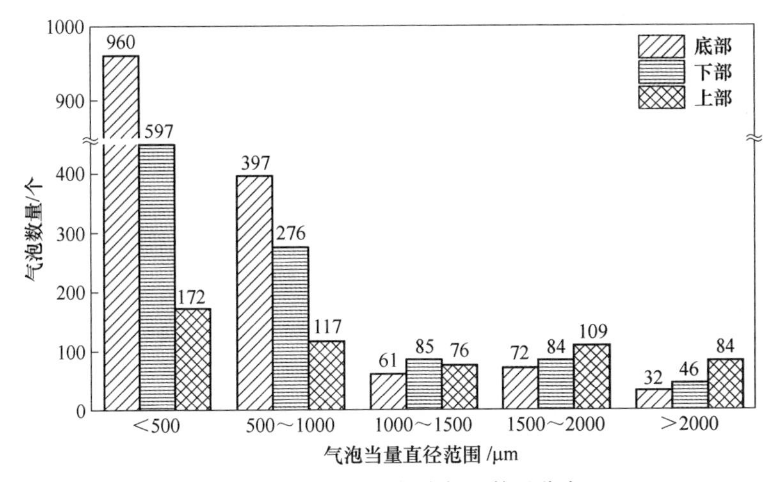

图3-11 泡沫渣各部位气泡数量分布

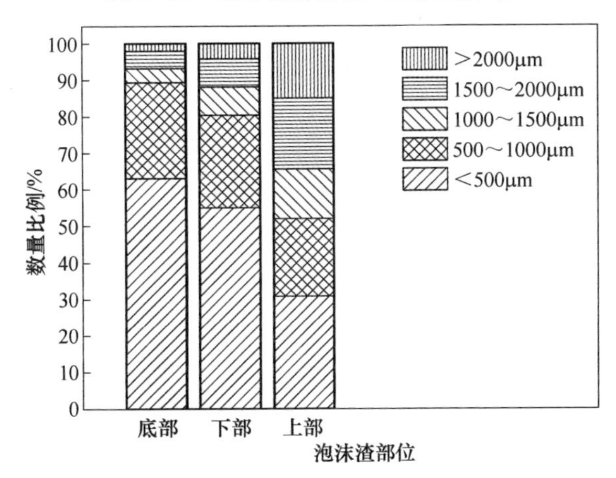

图3-12 泡沫渣各部位气泡数量比例分布

由图3-13和图3-14可见，泡沫渣中气泡面积以当量直径大于1500μm的大气泡为主。气泡当量直径小于500μm时，气泡面积底部>下部>上部，其中底部气泡面积47.3mm²、下部29.4mm²、上部17mm²；所占比例底部>下部>上部，其中底部7.8%、下部4.1%、上部1.5%。气泡当量直径为500～1000μm时，气泡面积底部>下部>上部，其中底部气泡面积176mm²、下部122mm²、上部41.4mm²；所占比例底部>下部>上部，其中底部29.1%、下部17.1%、上部3.5%。气泡当量直径为1000～1500μm时，气泡面积下部>上部>底部，其中底部气泡面积72.7mm²、下部102.8mm²、上部74.3mm²；所占比例上部<底部<下部，其中底部12%、下部14.4%、上部6.3%。气泡当量直径为1500～2000μm时，气泡面积底部<下部<上部，其中底部气泡面积152.7mm²、下部179mm²、上部205mm²；所占比例上部<下部<底部，其中底部25.2%、下部25.1%、上部

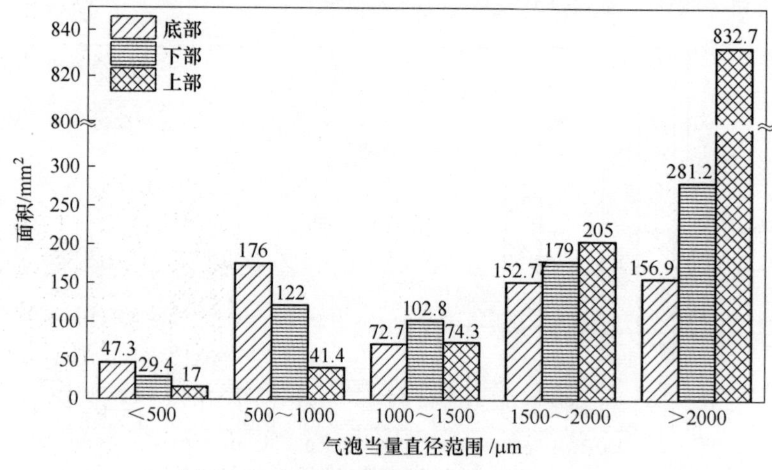

图3-13 泡沫渣各部位气泡总面积分布

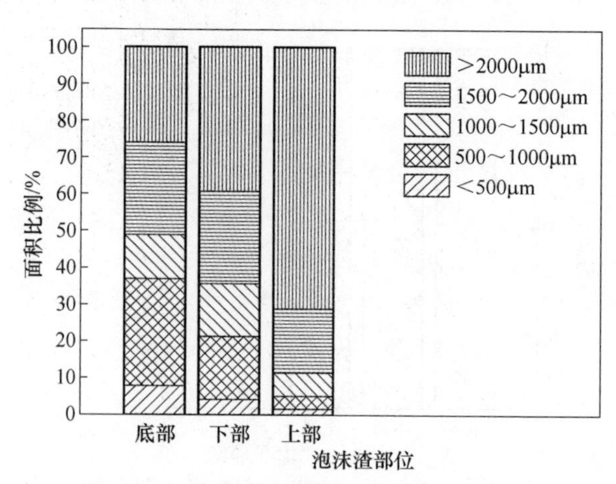

图3-14 泡沫渣各部位气泡总面积比例分布

17.5%。气泡当量直径大于2000μm时，气泡面积底部<下部<上部，其中底部气泡面积156.9mm²、下部281.2mm²、上部832.7mm²；所占比例底部<下部<上部，其中底部25.9%、下部39.4%、上部71.1%。总体上，气泡当量直径越大，气泡面积也越大，所占面积比例也越高。

由图3-15～图3-17可见，气泡当量直径小于500μm时，气泡数量达1729个，所占比例达54.6%，其气泡面积为93.6mm²，所占比例仅为3.8%。气泡当量直径为500～1000μm时，气泡数量790个，所占比例25%，其气泡面积为339.5mm²，所占比例为13.6%。气泡当量直径为1000～1500μm时，气泡数量222个，所占比例6.9%，其气泡面积为249.8mm²，所占比例为10%。气泡当量直径为1500～2000μm时，气泡数量265个，所占比例8.3%，其气泡面积为536.7mm²，所占比例为21.6%。气泡当量直径大于2000μm时，气泡数量仅162个，所占比例仅5.1%，其气泡面积为1270.8mm²，所占比例高达51%。

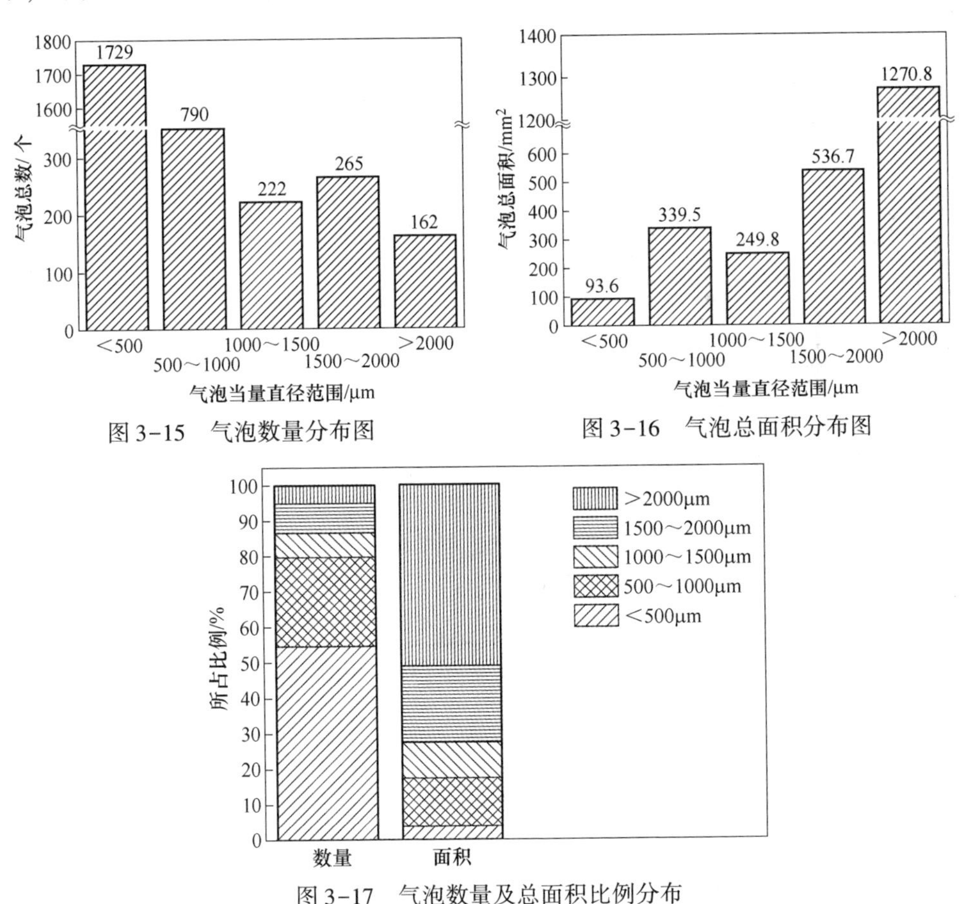

图3-15　气泡数量分布图

图3-16　气泡总面积分布图

图3-17　气泡数量及总面积比例分布

综上所述，泡沫渣中气泡以当量直径小于500μm的气泡为主，其数量最多，但其所占面积却最小，当量直径大于2000μm的气泡虽然数量最少，但其面积最大。对于不同部位泡沫中，总体上底部小气泡数量更多，而上部大气泡更多，孔隙率上部最高，底部最小，下部介于两者之间。

3.3.2 泡沫渣气泡形态分布

表3-4～表3-6为底部、下部、上部泡沫渣中不同当量直径气泡对应球形度数量。

表3-4 底部泡沫渣中气泡对应球形度的气泡数量

球形度区间	对应数量/个				
	<500μm	500～1000μm	1000～1500μm	1500～2000μm	>2000μm
0.9～1.0	823	294	35	42	13
0.8～0.9	46	40	0	15	8
0.7～0.8	55	18	6	7	0
0.6～0.7	21	33	11	3	4
<0.6	15	12	9	5	7

表3-5 下部泡沫渣中气泡对应球形度的气泡数量

球形度区间	对应数量/个				
	<500μm	500～1000μm	1000～1500μm	1500～2000μm	>2000μm
0.9～1.0	479	195	41	33	22
0.8～0.9	28	27	12	26	7
0.7～0.8	37	32	15	8	4
0.6～0.7	32	16	11	9	6
<0.6	21	6	6	8	7

表3-6 上部泡沫渣中气泡对应球形度的气泡数量

球形度区间	对应数量/个				
	<500μm	500～1000μm	1000～1500μm	1500～2000μm	>2000μm
0.9～1.0	117	46	32	70	29
0.8～0.9	21	27	9	19	15
0.7～0.8	12	21	16	8	8
0.6～0.7	15	13	10	12	17
<0.6	7	10	9	0	15

由表3-4～表3-6可见，对于底部、下部、上部泡沫渣，当气泡尺寸发生变化时，始终是球形度在0.9～1.0的气泡数量最多。由图3-18和图3-19可见，

气泡球形度为0.9～1.0的数量达2271个，占统计泡沫渣中气泡数量的71.5%；气泡球形度为0.8～0.9的数量为300个，占比为9.3%；气泡球形度为0.7～0.8的数量为247个，占比为8.0%；气泡球形度为0.6～0.7的数量为213个，占比为6.8%；气泡球形度小于0.6的数量为137个，占比为4.4%。

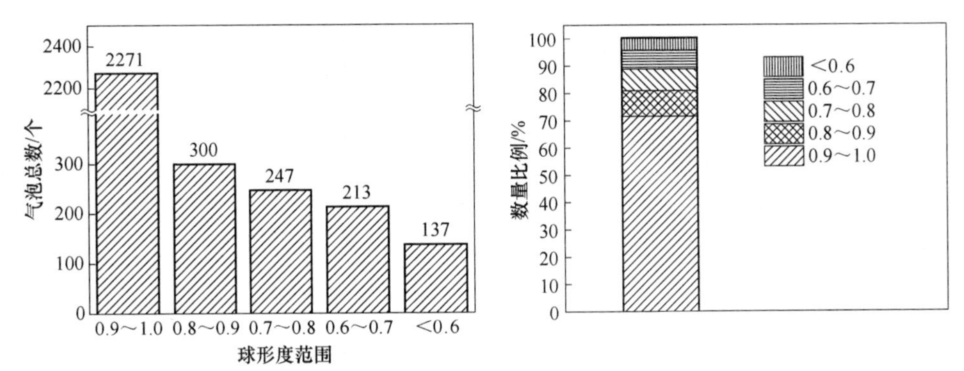

图3-18 不同球形度对应气泡数量分布　　图3-19 不同球形度对应气泡数量比例分布

由图3-20、图3-21可见，气泡当量直径小于500μm时，各球形度区间气泡数量分别为1419个、95个、104个、68个、43个，所占比例分别为82.1%、5.5%、6.0%、3.9%、2.5%；气泡当量直径为500～1000μm时，各球形度区间气泡数量分别为535个、94个、71个、62个、28个，所占比例分别为67.7%、11.9%、9.0%、7.8%、3.5%；气泡当量直径为1000～1500μm时，各球形度区间气泡数量分别为108个、21个、37个、32个、24个，所占比例分别为48.6%、9.5%、16.7%、14.4%、10.8%；气泡当量直径为1500～2000μm时，各球形度区间气泡数量分别为145个、60个、23个、24个、13个，所占比例分别为54.7%、22.6%、8.7%、9.1%、4.9%；气泡当量直径大于2000μm时，各球形度区间气泡数量分别为64个、30个、12个、27个、29个，所占比例分别为39.5%、18.5%、7.4%、16.7%、17.9%。

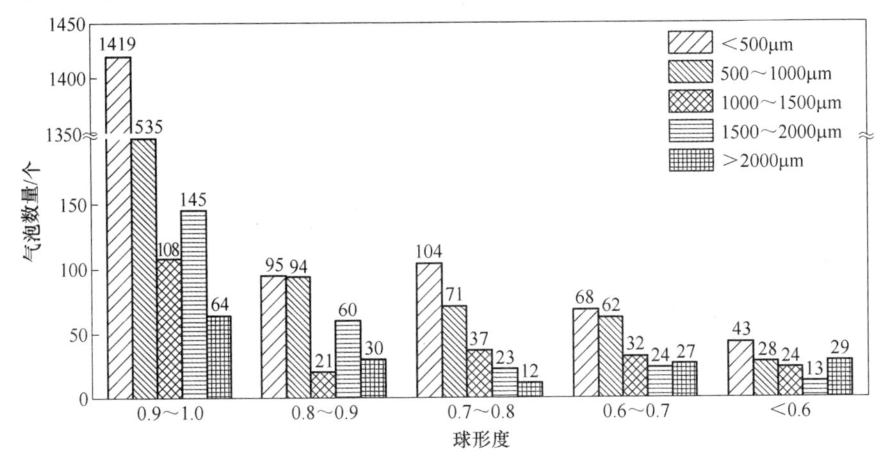

图3-20 不同球形度对应气泡尺寸数量分布

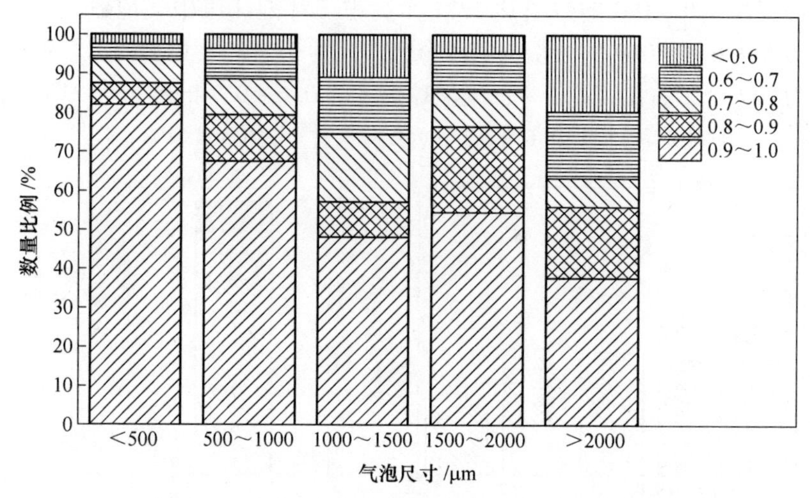

图3-21 不同球形度对应气泡尺寸数量比例分布

由图3-22可见，气泡当量直径小于500μm时，气泡平均球形度为0.93；气泡当量直径为500～1000μm时，气泡平均球形度为0.9；气泡当量直径为1000～1500μm时，气泡平均球形度为0.83；气泡当量直径1500～2000μm时，气泡平均球形度为0.86；气泡当量直径大于2000μm时，气泡平均球形度为0.8。

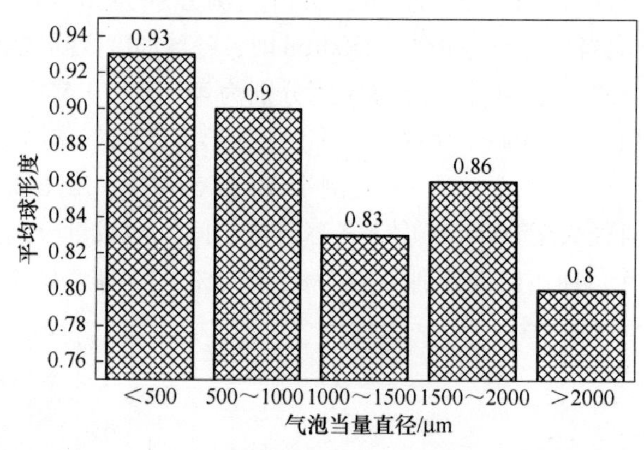

图3-22 平均球形度与气泡当量直径对应关系

以上数据表明，气泡当量直径越小，气泡数量越多，气泡球形度越高，气泡当量直径越大，气泡数量越少，气泡形状更加不规则。

3.4 脱磷阶段泡沫渣形成过程

转炉吹炼过程中，碳氧反应形成数量众多的CO/CO_2气泡，这些气泡形成后由于钢液浮力的作用，从钢液内不断上浮到钢/渣界面，穿越钢/渣界面后进入渣中。由于气泡数量众多，气泡之间相互挤压、碰撞，此时可能是两个气泡之间的碰撞，也可能是两个以上气泡之间的碰撞。气泡在发生碰撞时，对于正在碰撞的任意两个气泡，假设两个正在发生碰撞的气泡其中一个碰撞液膜处的内部压力为 P（见图 3-23），由 Laplace 定律可知，另一个气泡碰撞液膜处内部压力应为 $P-\frac{2\sigma}{r}$。此时，两碰撞气泡液膜处的压力差满足：

$$\Delta P = P - \left(P - \frac{2\sigma}{r}\right) = \frac{2\sigma}{r} \tag{3-7}$$

式中 σ——气泡表面张力，N/m；

r——碰撞液膜曲率半径，m；

ΔP——碰撞气泡压力差，N/m^2。

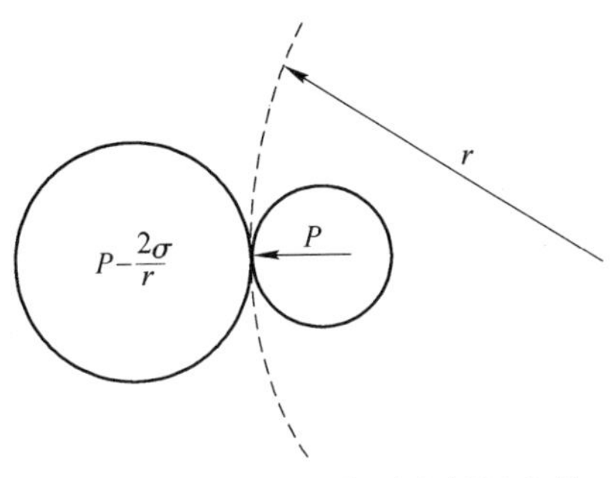

图 3-23 两气泡碰撞时内部压力差

随着析液的进行，液膜变薄，碰撞处液膜的厚度不足以维持压力差，即液膜厚度达到维持压力差的临界厚度时，液膜膜裂，两碰撞气泡合并成一个气泡。气泡合并后单个气泡尺寸变大，并继续与其他气泡碰撞、合并，气泡尺寸不断增加，气泡碰撞、合并如图 3-24 所示。

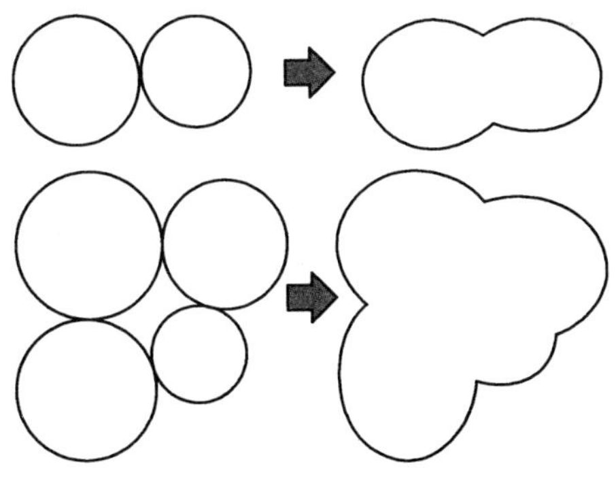

图 3-24 两个或多个气泡碰撞示意图

在气泡不断碰撞长大的同时，气泡由于浮力的作用不断向上运动，而渣液不断析液向下运动，析液及气泡的运动使得气泡之间的几何结构重新排列，即气泡间的拓扑结构不断变化，气泡运动渣液析液导致的气泡间的几何拓扑结构变化如图 3-25 所示。

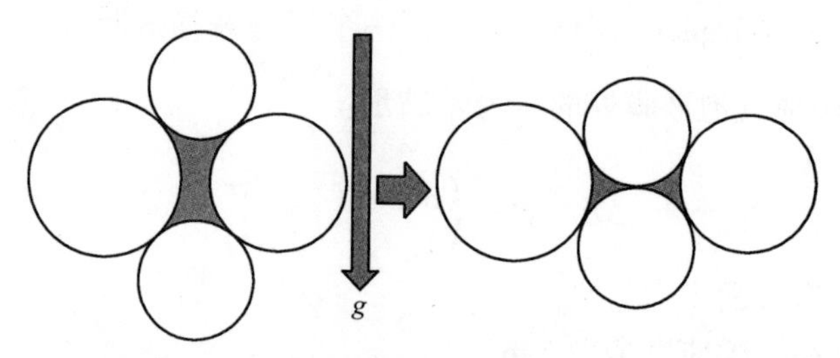

图 3-25 炉渣析液时气泡几何拓扑结构变化图

综上所述，转炉留渣双渣工艺脱磷阶段泡沫渣的形成过程为：钢液中碳氧反应形成的 CO/CO_2 气泡在浮力的作用下，从钢液进入渣中，由于气泡数量众多，气泡之间相互碰撞，两个相互碰撞的气泡液膜处产生压力差，达到临界厚度液膜破裂，气泡合并。气泡在不断碰撞长大的同时，气泡间的液相渣液不断析液，气泡间的渣液减少，气泡间的几何拓扑结构发生变化，气泡在浮力及下方新生成气泡的抬挤下不断上升，这样上方的气泡数量由于合并等因素越来越少，大气泡越来越多，渣液越来越少，下方由于大量气泡未来得及合并，小气泡相对更多，而渣液由于析液时间短，渣液量也较多。最终，形成了上部大气泡多，渣液少孔隙率高，下部小气泡多、渣液相对更多孔隙率低的泡沫渣，形成过程如图 3-26 所示。转炉倒渣时，首先倒出的是大气泡多、孔隙率高的上部泡沫渣，随着倒渣的进行大气泡减少，孔隙率提高，最后倒出的是小气泡多、孔隙率相对较低的泡沫渣，而由于钢液与炉渣之间的黏附力，部分泡沫渣难以从炉内倒出，在本书中定义为底部泡沫渣。

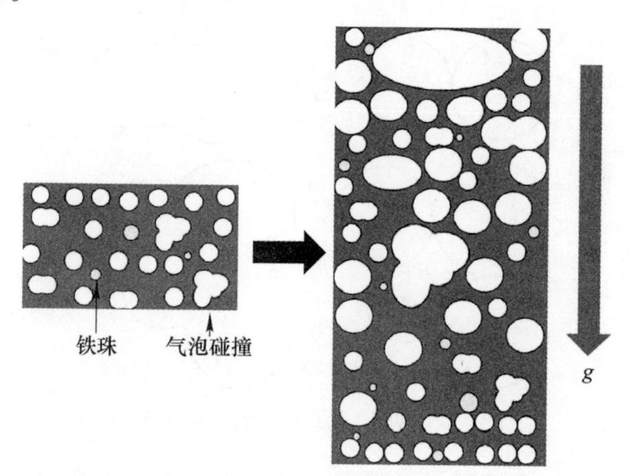

图 3-26 留渣双渣工艺脱磷阶段泡沫渣形成过程示意图

3.5 脱磷阶段结束倒渣量分析

如前所述，转炉倒渣时，首先倒出的是大气泡多、孔隙率高的上部泡沫渣，随着倒渣的进行大气泡减少，孔隙率提高，最后倒出的是小气泡多、孔隙率相对较低的泡沫渣，而由于钢液与炉渣之间的黏附力，部分底部泡沫渣难以从炉内倒出。转炉倒渣量可通过式（3-8）计算：

$$m = \rho V_0(1 - \overline{K}) \tag{3-8}$$

式中 ρ——泡沫渣的平均密度，kg/m³；

V_0——泡沫渣的总体积，m³；

$\overline{K}$——泡沫渣的平均孔隙率,%；

m——炉渣重量，kg。

由于不同部位泡沫渣的孔隙率不同，泡沫渣的平均孔隙率用式（3-9）计算：

$$\overline{K} = \frac{K_1 + K_2}{2} \tag{3-9}$$

式中 K_1——泡沫渣下部孔隙率,%；

K_2——泡沫渣上部孔隙率,%。

式（3-8）可转化为：

$$m = \rho V_0\left(1 - \frac{K_1 + K_2}{2}\right) \tag{3-10}$$

由式（3-10）可见，获得更大倒渣量的途径主要是：（1）提高倒出泡沫渣的体积；（2）减少泡沫渣孔隙率。

对于特定转炉，获得更大泡沫渣体积即获得更大泡沫渣高度，根据泡沫化指数的定义：

$$\sum = \frac{\Delta h}{\Delta v_{g}^{s}} \tag{3-11}$$

式中 Δv_{g}^{s}——气体表观速率，m/s；

Δh——炉渣的高度增加量，m；

$\sum$——泡沫化指数，s。

气体表观速率可用下式表示：

$$v_{g}^{s} = \frac{Q_g}{A} \tag{3-12}$$

式中 A——反应容器的横截面积，m²；

Q_g——反应气体的流量，m³/s。

式（3-11）可转化为：

$$\Delta h = \frac{\sum \cdot Q_g}{A} \tag{3-13}$$

一般情况下，对于特定条件下成分相近的炉渣，其泡沫化指数为常数，且反应容器的横截面积同样为一常数，因此，要获得更大倒渣量必须提高反应气体流量，在留渣双渣工艺中即提高碳氧反应速率，获得更大的气体流量。因此，在泡沫化指数一定时，增加气体流量 Q_g（碳氧反应速率）有利于增加泡沫渣的高度，从而使泡沫渣体积增加，并获得更大倒渣量。

另外，析液的不断进行使得炉渣不断从上部流向下部，转炉脱磷阶段吹炼结束停止吹氧后，碳氧反应趋于停止，此时泡沫渣高度不会增长，通过快速倒渣，从而减少析液时间，使炉渣尽量减少从上部和下部流向底部，可保证倒出的炉渣中的渣液量。同时，碳氧反应停止后泡沫渣中的气泡还在碰撞上浮，顶端气泡会不断破裂，若倒渣时间过长，泡沫渣高度会下降，不利于获得更大倒渣量。因此，可通过快速倒渣获得更大倒渣量。

3.6 本章小结

本章小结如下：

（1）宏观形貌观察可见，泡沫渣疏松多孔，气泡部分呈不规则形状，上部泡沫渣大气泡直径在5mm以上，而小气泡直径小于2mm，下部和底部泡沫渣大气泡直径在2mm以上，而小气泡直径小于2mm，且泡沫渣中大气泡相对数量较少，小气泡数量众多。

（2）微观形貌观察可见，泡沫渣中存在大量正在发生碰撞的气泡，并有合并长大的趋势。单个气泡在上升过程中气泡之间就不断发生碰撞，碰撞可能发生在两个气泡之间，也可能发生在多个气泡之间，并以两个气泡之间的碰撞为主，气泡碰撞后两个气泡或多个气泡将合并成一个更大的气泡。

（3）泡沫渣中气泡以当量直径小于500μm的气泡为主，其数量最多，但其所占面积却最小，当量直径大于2000μm的气泡虽然数量最少，但其面积最大。对于不同部位泡沫中，总体上底部小气泡数量更多，而上部大气泡更多，孔隙率上部最高，底部最小，下部介于两者之间。

（4）气泡当量直径越小，气泡数量越多，气泡球形度越高，气泡当量直径越大，气泡数量越少，气泡形状更加不规则。

（5）钢液中碳氧反应形成的 CO/CO_2 气泡在浮力的作用下，从钢液进入渣中，由于气泡数量众多，气泡之间相互碰撞，两个相互碰撞的气泡液膜处产生压力差，达到临界厚度液膜破裂，气泡合并。气泡在不断碰撞长大的同时，气泡间的液相渣液不断析液，气泡间的渣液减少，气泡间的几何拓扑结构发生变化，气泡在浮力及下方新生成气泡的抬挤下不断上升，这样上方的气泡数量由于合并等因素越来越少，大气泡越来越多，渣液越来越少，下方由于大量气泡未来得及合并，小气泡相对更多，而渣液由于析液时间短，渣液量也较多。最终，形成了上部大气泡多，渣液少孔隙率高，下部小气泡多、渣液相对更多孔隙率低的泡沫渣。

（6）转炉倒渣时，首先倒出的是大气泡多、孔隙率高的上部泡沫渣，随着倒渣的进行大气泡减少，孔隙率提高，最后倒出的是小气泡多、孔隙率相对较低的泡沫渣，而由于钢液与炉渣之间的黏附力，底部泡沫渣难以从炉内倒出。

（7）增加气体流量 Q_g（碳氧反应速率）有利于增加泡沫渣的高度，从而使泡沫渣体积增加从而获得更大倒渣量，另外，通过快速倒渣也能获得更大倒渣量。

泡沫渣形成时气泡夹带行为物理模拟研究

在转炉泡沫渣形成时，气泡是由钢液上升进入渣中，气泡在穿越钢/渣界面时，气泡尾部可能将下层高密度的钢液带入上层炉渣中，这种现象称为气泡夹带。这种夹带行为对转炉脱磷、脱碳反应，加强传质、传热有一定作用，但气泡夹带过多的钢液会造成严重的铁损，大幅降低钢水收得率，增加生产成本，显然，转炉泡沫渣形成时应尽量减少气泡带入渣中的钢液。研究学者对于气泡上升过程中气泡的夹带现象做了大量研究，包括使用数学模拟或物理模拟的方法等。

减少冶金过程中炉渣泡沫化造成的铁损一直是冶金研究者研究的热点，如前所述，转炉泡沫渣中发现大量的铁珠，这些被气泡夹带进入渣中的铁珠是造成倒渣铁损过大的主要原因。当然，气泡穿越钢/渣界面时，气泡的夹带行为使得泡沫渣中不可避免含有铁珠，研究气泡夹带行为的影响因素，探讨气泡夹带机理，对于认识泡沫渣形成时气泡的夹带行为，最终减少气泡的夹带量依然具有现实意义。

本章采用物理模拟的方法，使用硅油（分子式 $C_2H_6OSi_3$）模拟炉渣、水模拟钢液，通过设置在实验装置底部的喷嘴释放不同直径的单个空气气泡，研究单个气泡穿越水/硅油界面的过程，研究硅油黏度、气泡尺寸变化时气泡的夹带行为，通过总结实验数据，回归得出气泡夹带率的数学公式，并进一步探究气泡夹带机理。

4.1 实验概述

4.1.1 实验原理

对于该物理模拟的可行性，首先要确保水/硅油界面与钢/渣界面的相似性，气泡在钢/渣界面运动时，界面处存在钢水、气泡、炉渣三相，三相体系间相互润湿相互作用，根据流体力学相关理论，物理模拟该体系要确保：(1) 基础的静态相似；(2) 气泡在钢液中运动相似；(3) 气泡在钢/渣界面运动相似。

4.1.1.1 静态相似

由于炉渣和钢液基本不能相互溶解，两者是两种完全不相同的体系，混合在一起会形成一个清晰的液/液界面，是一个原始的润湿过程，该界面的形成方式主要有分散、黏附和铺展三种。对于这种冶金过程中常见的液/液界面，黏附是主要的形成方式，该方式表示当两种不同的体系混合后，各体系的原表面消失，与此同时形成新的两相的液/液界面，黏附如图 4-1 所示。

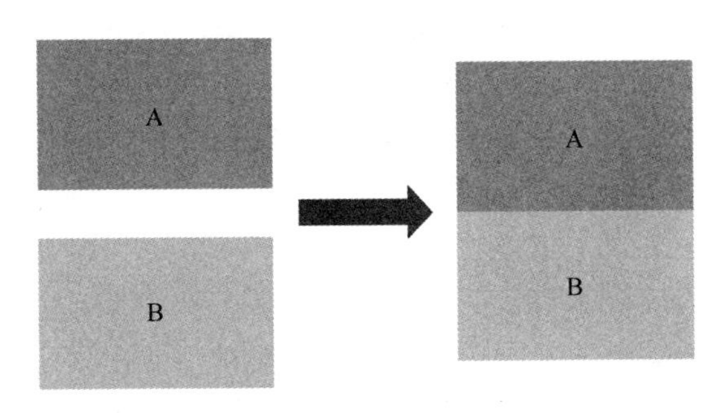

图 4-1 液体 A、B 黏附示意图

由于硅油的密度小于水的密度，且硅油和水是两种不同的体系，两者之间不互溶，同时两者之间的黏附功较小，可以形成明显的液/液界面，因此，本实验选择硅油和水两种物质模拟炉渣和钢液，使用水/硅油界面模拟钢/渣界面。

4.1.1.2 气泡在钢液中运动相似

气泡在钢液中运动的黏性阻力主要受钢液的黏度影响，钢液的运动黏度可由钢液的动力黏度计算，计算公式如下：

$$\nu = \frac{\eta}{\rho} \tag{4-1}$$

式中 η——钢液动力黏度，Pa·s，钢液取值 6.0×10^{-3} Pa·s；

ρ——钢液密度，kg/m^3，钢液取值 $7000kg/m^3$。

ν——钢液的运动黏度，m^2/s。

将上述参数取值代入式（4-1）计算可得，钢液的运动黏度值为 $8.6\times10^{-7}m^2/s$，而水在常温下的运动黏度值为 $10\times10^{-7}m^2/s$，两者是同一量级且相差不大。因此，气泡在水中的运动和气泡在钢液中的运动相似。

4.1.1.3 气泡在钢/渣界面运动相似

界面特性相似是保证物理模量与原型相似的重要参数，使用水/硅油界面模拟钢/渣界面时，模拟体系的动力黏度比与原体系动力黏度比要基本相同，即：

$$\frac{\eta_w}{\eta_o} = \frac{\eta_M}{\eta_s} \tag{4-2}$$

式中 η_w——水的动力黏度，Pa·s；

η_o——硅油的动力黏度，Pa·s；

η_M——钢液的动力黏度，Pa·s；

η_s——钢渣的动力黏度，Pa·s。

钢渣的黏度受温度及成分的影响很大，如 $CaO-Fe_xO-SiO_2$ 渣系在温度为1300~1400℃时，一定范围内变化炉渣成分时，其动力黏度范围为0.005~4Pa·s，代入式（4-2）可得硅油动力黏度范围为0.002~0.67Pa·s，即2~670mPa·s，因此，实验选用硅油黏度分别为60mPa·s、120mPa·s、300mPa·s、450mPa·s，见表4-1，黏度值由恩氏黏度测定仪检测。

表4-1 实验用硅油动力黏度

厂家标注/mPa·s	实测/mPa·s
45	60
90	120
315	300
450	450

4.1.2 实验装置

4.1.2.1 高速摄像机

使用由美国FASTEC&IMAGING公司生产的型号为Fastec Hispec5的高速摄像机拍摄气泡夹带行为，该高速摄像机由Hispec控制软件、摄像机控制系统、高速数字成像镜头三部分组成，最大拍摄速度可达到270000帧/s，实验时使用拍摄速度为100帧/s，高速数字成像镜头实物如图4-2所示。

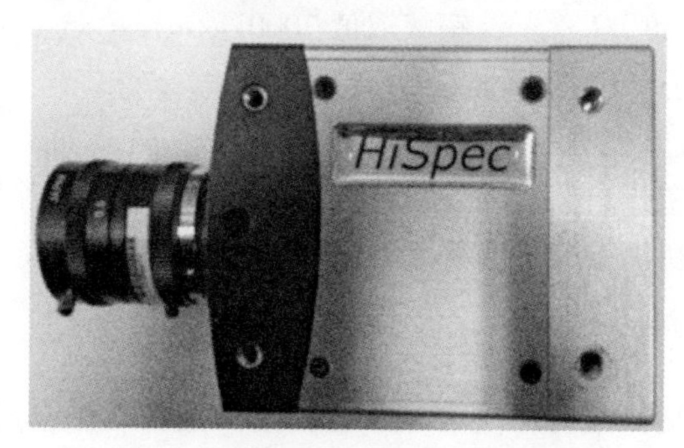

图4-2 高速数字成像镜头实物图

4.1.2.2 物理模型实验装置

实验在透明有机玻璃制作的长方形容器内进行，容器内装入的水深度为(300±2)mm，油层厚度为（40±1）mm。实验所需气泡通过底部喷嘴喷出，改变喷嘴直径获得不同尺寸的气泡，喷嘴直径有1mm、2mm、5mm、7mm等，喷出的气泡当量直径为（3±0.3）mm、（4±0.3）mm、（5±0.5）mm、（7±0.5）mm，模拟装置实物及气泡喷出如图4-3、图4-4所示。

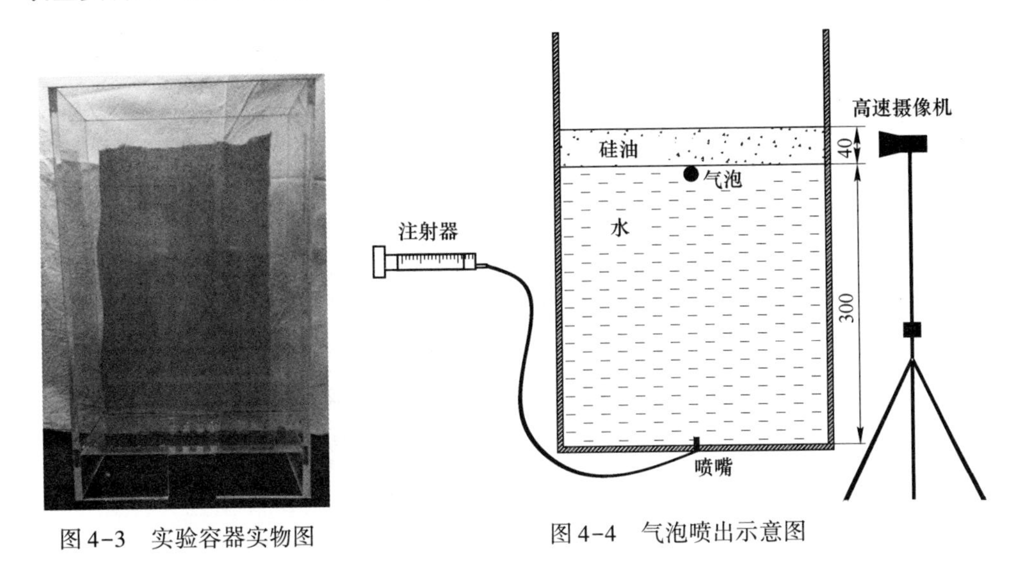

图4-3 实验容器实物图

图4-4 气泡喷出示意图

4.1.3 实验方案

高速摄像机可以捕捉气泡穿越水/硅油界面的过程，研究硅油黏度、气泡尺寸变化时气泡的夹带行为，并进一步研究气泡穿越界面后夹带液滴的沉降过程。如前所述，气泡穿越液/液界面时气泡周围的液膜来不及破裂进入上层液体中，同时气泡尾部形成液柱，并在黏附力作用下与气泡黏附，同时气泡在运动时带动下方液体运动形成惯性，在惯性力及黏附力的作用下液柱进入上层液体中，液柱断裂时形成液滴。上层液体中液滴的主要来源是液柱的断裂，而液膜破裂导致的液滴极为微量。由于液膜破裂导致的液滴高速摄像仪无法捕捉，本节重点研究了液柱断裂形成的液滴。

所拍摄气泡穿越钢/渣界面视频由ProAnalyst运动分析软件分析，该软件通过标定参照点，可获得气泡及液滴的运动参数，为定量研究夹带行为提供数据支持，如图4-5所示。

实验中气泡当量直径计算公式如下：

$$D_b = \sqrt{\frac{4S_b}{\pi}} \tag{4-3}$$

式中 S_b——气泡面积，mm^2；

D_b——气泡当量直径，mm。

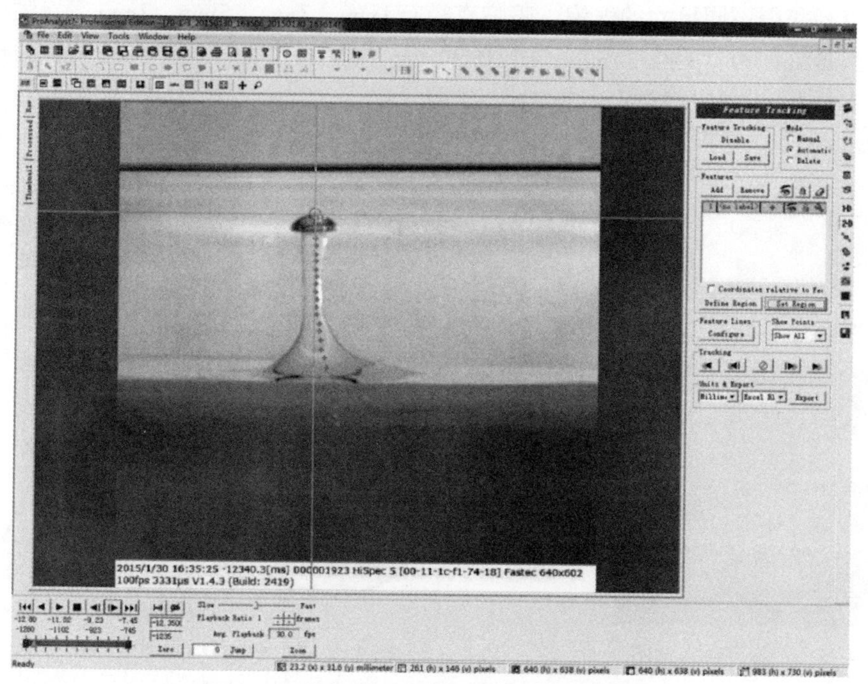

图 4-5　ProAnalyst 运动分析软件分析界面

利用 ProAnalyst 粒子运动软件标定气泡高度，读取对应时间，可绘制高度—时间曲线。同时，可计算液滴的直径、体积，计算气泡的夹带率，夹带率计算公式如下：

$$M = \frac{V_{d,\ total}}{V_b} \times 100\% \tag{4-4}$$

式中　$V_{d,total}$——气泡夹带的液滴总体积，mm^3；

V_b——气泡的体积，mm^3；

M——气泡夹带率，%。

4.2　气泡夹带行为影响因素

4.2.1　黏度对气泡夹带行为的影响

为了研究黏度对气泡夹带行为的影响，硅油黏度选择 60mPa · s、120mPa · s、300mPa · s、450mPa · s，气泡尺寸固定为当量直径 5mm，实际气泡直径在 4.5 ~ 5.5mm 之间。

图 4-6 为当量直径 5mm 气泡穿越黏度 60mPa · s 水/硅油界面不同时刻的照片。从图中可以看出，气泡从水/硅油界面位置上升到硅油最顶端仅用时 0.31s，0.18s 时由于气泡与水之间的黏附力，在气泡下方形成一个漏斗形的液柱，此时

的气泡形态接近球形，随着气泡的上升，液柱高度也不断上升，同时液柱被不断拉长、变细，当液柱最细处无法维持液柱的整体性时，液柱在 0.20 ~0.21s 发生一次断裂，此时气泡也从之前的球形转变成了球冠形。液柱断裂后上部液柱随着气泡继续上升，下部液柱在 0.22 ~0.24s 发生二次断裂，二次断裂后的上部液柱收缩后形成进入硅油中的液滴 B，而下部液柱回落到水/硅油界面。一次断裂形成的液柱随气泡继续上升，气泡上升到硅油顶端发生破裂，气泡下方的液柱收缩成液滴 A，当量直径 5mm 气泡穿越黏度 60mPa · s 水/硅油界面最终形成了 A、B 两个液滴。

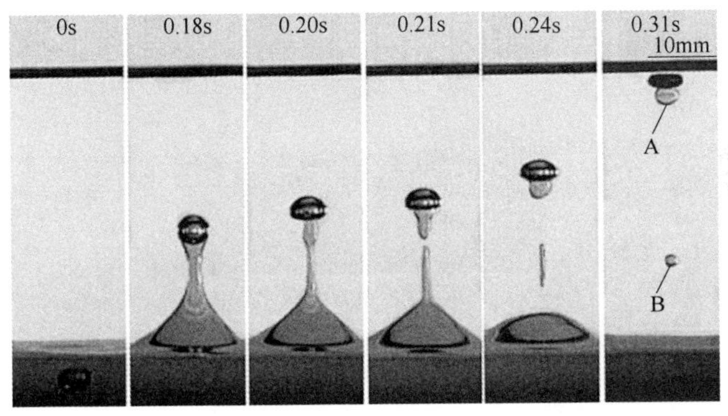

图 4-6 当量直径 5mm 气泡穿越黏度 60mPa · s 水/硅油界面不同时刻照片

ProAnalyst 运动分析软件可处理所拍摄图像，通过标定参照点，获得气泡及液滴高度，读取对应时间，可绘制气泡及液滴高度随时间的变化趋势图。

如图 4-7 所示，由于硅油厚度为（40±1）mm，将零界面（水/硅油界面与无机玻璃前端的交线）到硅油顶端的高度标定为 40mm，其余测定点以零界面为参照点，高度以标定的零界面到硅油顶端的距离为参照，时间零为气泡最高点接触零界面的时间。图中 M1、M2 分别表式气泡的最高点和最低点，因此，$H_{M1}-H_{M2}$ 表示气泡上下端的距离，即气泡纵向的直径。A1、A2 分别表示液滴 A 的最高点及最低点，B1、B2 分别表示液滴 B 的最高点及最低点，P 表示液柱的最高点，曲线的斜率表示该对象瞬时纵向运动速率。

由图 4-8 可见，气泡在时间零之前的斜率显著大于时间零之后的斜率，表明气泡穿越零界面（水/硅油界面）是一个明显的降速过程，穿越零界面后气泡斜率变化不再显著，气泡接近匀速在硅油中运动，液柱在 0.20s 和 0.22s 分别发生两次断裂，形成的液滴 A 纵向直径为 3.2mm，液滴 B 纵向直径为 1.6mm。

图 4-9 为当量直径 5mm 气泡穿越黏度 120mPa · s 水/硅油界面不同时刻的照片。从图中可以看出，气泡从水/硅油界面位置上升到硅油最顶端用时 0.40s，0.15s 时在气泡下方形成一个漏斗形的液柱，此时的气泡形态接近球形，随着气泡的上升，液柱高度也不断上升，同时液柱被不断拉长、变细，当液柱最细处无

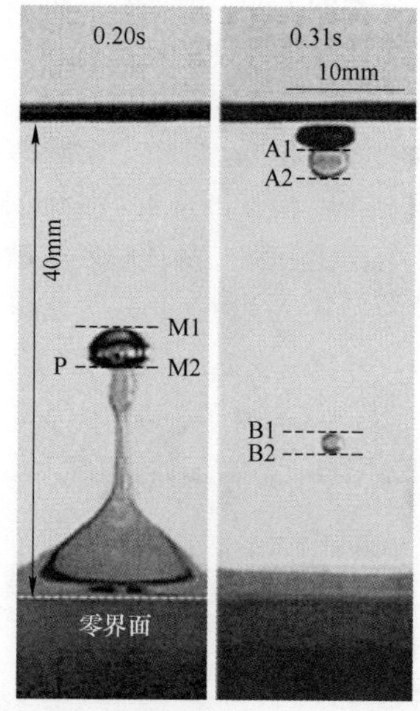

图 4-7 标定参照点、气泡及液滴

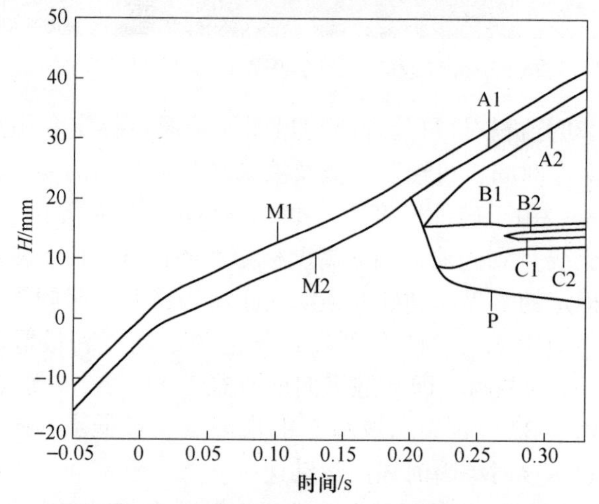

图 4-8 气泡及液滴高度随时间变化趋势曲线（对应图 4-6）

法维持液柱的整体性时，液柱在 0.18～0.21s 发生断裂。液柱断裂后上部液柱随着气泡继续上升，气泡逐渐转变为球冠形，而下部液柱回落到水/硅油界面。液柱随气泡继续上升一段距离后与气泡脱离，气泡上升到硅油顶端发生破裂，气泡下方的液柱收缩成液滴 A，当量直径 5mm 气泡穿越黏度 120mPa · s 水/硅油界面最终形成了一个液滴 A。

由图 4-10 可见，气泡在时间零之前的斜率显著大于时间零之后的斜率，且

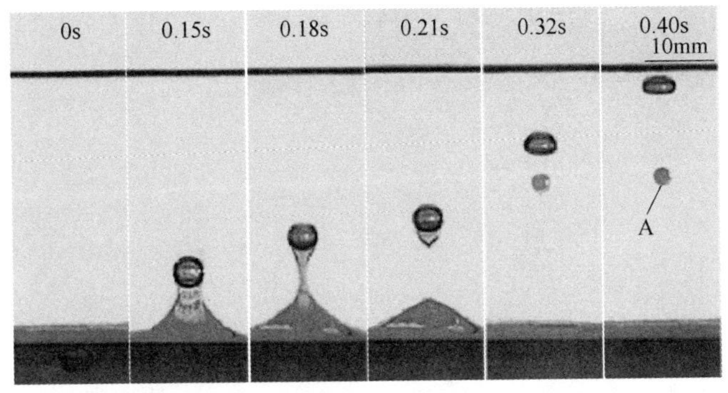

图 4-9 当量直径 5mm 气泡穿越黏度 120mPa·s 水/硅油界面不同时刻照片

变化趋势更明显，表明气泡穿越零界面是一个更明显的降速过程，穿越零界面后气泡斜率变化不再显著，表明气泡接近匀速在硅油中运动，液柱在 0.19s 发生断裂，形成的液滴 A 纵向直径为 3.1mm。

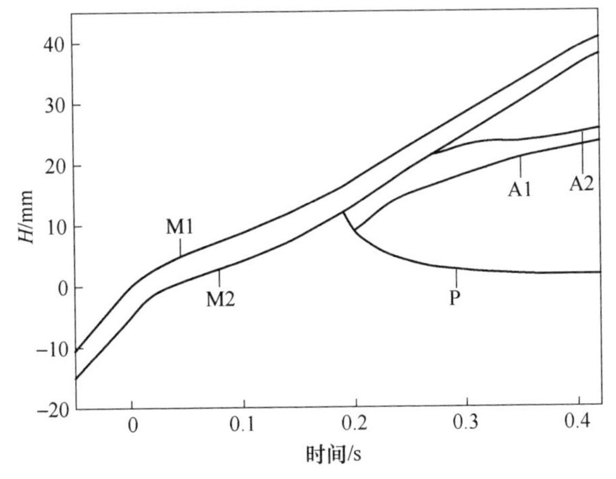

图 4-10 气泡及液滴高度随时间变化趋势曲线（对应图 4-9）

图 4-11 为当量直径 5mm 气泡穿越黏度 300mPa·s 水/硅油界面不同时刻的照片。从图中可以看出，气泡从水/硅油界面位置到上升到硅油最顶端用时 0.88s，0.43s 时在气泡下方形成一个漏斗形的液柱，此时的气泡形态接近球形，随着气泡的上升液柱高度也不断上升，同时液柱被不断拉长、变细，液柱在 0.48 ~0.49s 与气泡分离。液柱分离后气泡继续上升，与黏度 60mPa·s、120mPa·s 硅油中运动不同，此时气泡逐渐转变为锥球形，而液柱回落过程中在 0.49 ~0.56s 发生断裂，并最终形成了液滴 A。气泡上升到硅油顶端发生破裂，当量直径 5mm 气泡穿越黏度 120mPa·s 水/硅油界面最终形成了一个液滴 A。

由图 4-12 可见，气泡在时间零之前的斜率显著大于时间零之后的斜率，且变化趋势更明显，表明气泡穿越零界面是一个更明显的降速过程，穿越零界面后

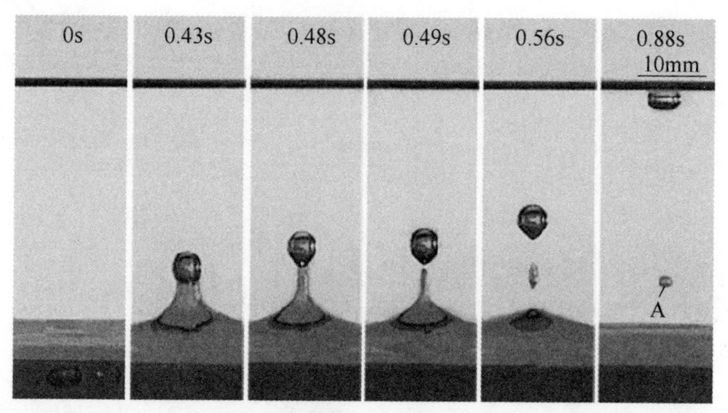

图 4-11　当量直径 5mm 气泡穿越黏度 300mPa · s 水/硅油界面不同时刻照片

气泡斜率变化不再显著，表明气泡接近匀速在硅油中运动，液柱在 0. 50s 发生断裂，形成的液滴 A 纵向直径为 1. 7mm。

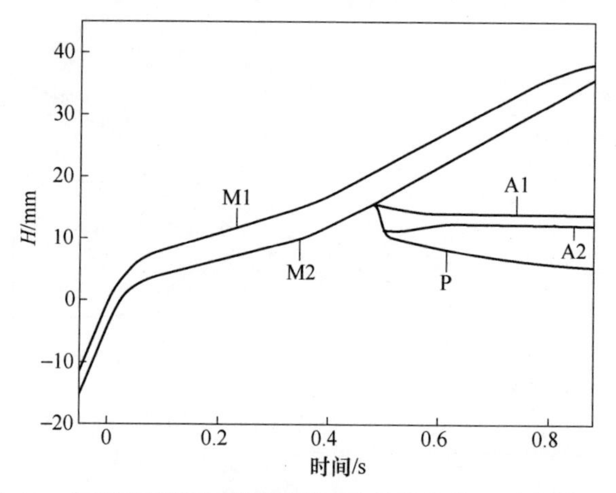

图 4-12　气泡及液滴高度随时间变化趋势曲线（对应图 4-11）

图 4-13 为当量直径 5mm 气泡穿越黏度 450mPa · s 水/硅油界面不同时刻的照片。从图中可以看出，气泡从水/硅油界面位置上升到硅油最顶端用时 1. 03s，0. 50s 时在气泡下方形成一个漏斗形的液柱，此时的气泡形态接近球形，随着气泡的上升液柱高度也不断上升，同时液柱被不断拉长、变细，液柱在 0. 56 ~ 0. 62s 与气泡分离。液柱分离后气泡继续上升，与黏度 300Pa · s 硅油中运动相似，此时气泡逐渐转变为锥球形，而液柱回落过程中发生断裂，并最终形成了液滴 A。气泡上升到硅油顶端发生破裂，当量直径 5mm 气泡穿越黏度 450mPa · s 水/硅油界面最终形成了一个液滴 A。

由图 4-14 可见，气泡在时间零之前的斜率显著大于时间零之后的斜率，且变化趋势更明显，表明气泡穿越零界面是一个更明显的降速过程，穿越零界面后

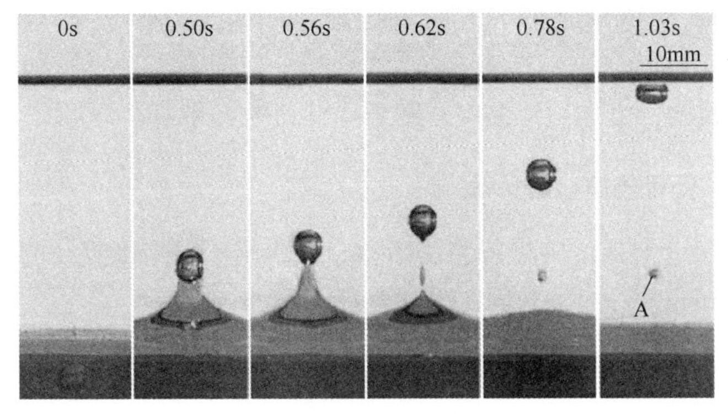

图 4-13 当量直径 5mm 气泡穿越黏度 450mPa·s 水/硅油界面不同时刻照片

气泡斜率变化不再显著，表明气泡接近匀速在硅油中运动，液柱在 0.62s 发生断裂，形成的液滴 A 纵向直径为 1.1mm。

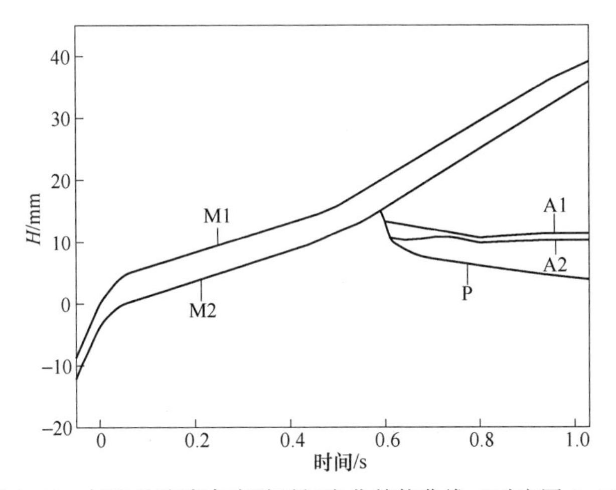

图 4-14 气泡及液滴高度随时间变化趋势曲线（对应图 4-13）

将实验结果整理后，得到不同硅油黏度下的液滴总体积、气泡的体积等，进一步计算得到了气泡的夹带率，见表 4-2。

表 4-2 不同黏度硅油中液滴体积及夹带率

硅油黏度 /mPa·s	液滴名称	液滴直径/mm	液滴总体积 /mm³	气泡实测当量直径/mm	气泡体积/mm³	夹带率/%
60	A	3.2	19.3	4.6	50.9	37.9
	B	1.6				
120	A	2.1	4.9	4.8	57.9	8.6
300	A	1.7	2.6	4.6	50.9	5.0
450	A	1.1	0.7	4.8	57.9	1.2

可见，硅油黏度增加时，气泡夹带率呈明显下降的趋势，当硅油黏度为60mPa·s时，气泡夹带率为37.9%；当黏度增加到450mPa·s时，夹带率降低到了1.2%。因此，增加炉渣黏度有利于降低气泡夹带量。

4.2.2 气泡尺寸对夹带行为的影响

分析气泡尺寸对气泡夹带行为的影响时，使用不同当量直径的气泡，分别为3mm、4mm、5mm、7mm，并固定硅油黏度60mPa·s。

图4-15为当量直径3mm气泡穿越黏度60mPa·s水/硅油界面不同时刻的照片。从图中可以看出，气泡从水/硅油界面位置上升到硅油最顶端用时0.93s，0.58s时在气泡下方形成一个漏斗形的液柱，此时的气泡形态接近球形，随着气泡的上升液柱高度也不断上升，同时液柱被不断拉长、变细，液柱在0.56～0.62s与气泡分离。液柱分离后气泡继续上升，气泡逐渐转变为锥球形，而液柱回落过程中发生断裂，并最终形成了液滴A。气泡上升到硅油顶端发生破裂，当量直径3mm气泡穿越黏度60mPa·s水/硅油界面最终形成了一个液滴A。

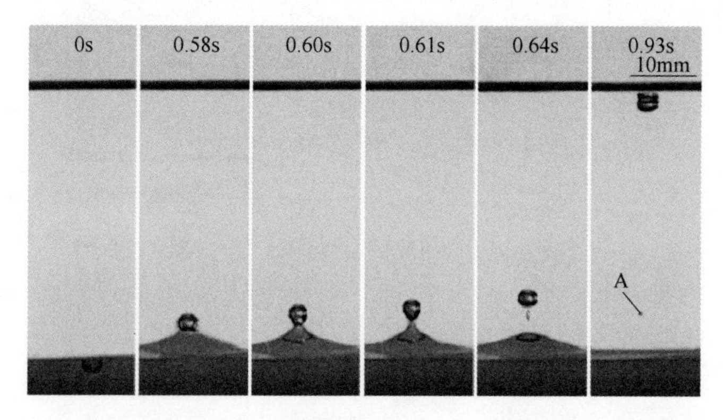

图4-15 当量直径3mm气泡穿越黏度60mPa·s水/硅油界面不同时刻照片

由图4-16可见，气泡在时间零之前的斜率显著大于时间零之后的斜率，且变化趋势明显，表明气泡穿越零界面是一个明显的降速过程，穿越零界面后气泡存在一个明显的加速过程，液柱在0.64s发生断裂，形成的液滴A纵向直径为0.6mm。

图4-17为当量直径4mm气泡穿越黏度60mPa·s水/硅油界面不同时刻的照片。从图中可以看出，气泡从水/硅油界面位置到上升到硅油最顶端用时0.46s，0.21s时在气泡下方形成一个漏斗形的液柱，此时的气泡形态接近球形，随着气泡的上升液柱高度也不断上升，同时液柱被不断拉长、变细，液柱在0.24～0.27s发生断裂。液柱断裂后上部液柱随着气泡继续上升，气泡逐渐转变为球冠形，而下部液柱回落到水/硅油界面。液柱随气泡继续上升一段距离后与气泡脱

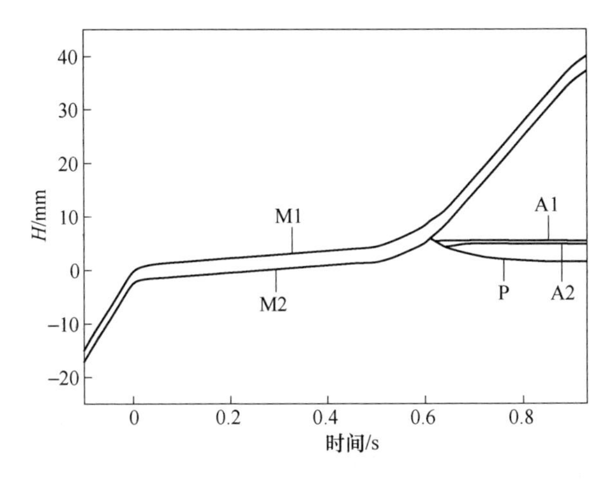

图 4-16 气泡及液滴高度随时间变化趋势曲线（对应图 4-15）

离，气泡上升到硅油顶端发生破裂，气泡下方的液柱收缩成液滴 A，当量直径 4mm 气泡穿越黏度 60mPa · s 水/硅油界面最终形成了一个液滴 A。

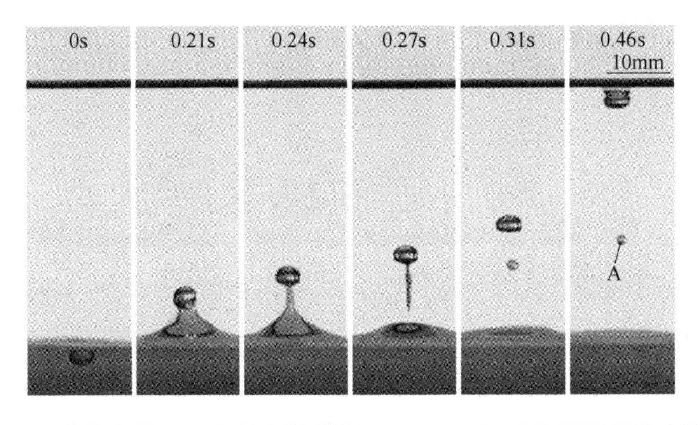

图 4-17 当量直径 4mm 气泡穿越黏度 60mPa · s 水/硅油界面不同时刻照片

由图 4-18 可见，气泡穿越零界面同样是一个明显的降速过程，穿越零界面后气泡存在一个明显的加速过程，液柱在 0.25s 发生断裂，形成的液滴 A 纵向直径为 1.3mm。

图 4-19 为当量直径 7mm 气泡穿越黏度 60mPa · s 水/硅油界面不同时刻的照片。从图中可以看出，气泡从水/硅油界面位置到上升到硅油最顶端用时 0.25s，0.08s 时在气泡下方形成一个漏斗形的液柱，此时的气泡形态接近球形，随着气泡的上升液柱高度也不断上升，气泡逐渐转变为球冠形，气泡上升到硅油顶端发生破裂，气泡下方的液柱收缩断裂成 3 个液滴，当量直径 4mm 气泡穿越黏度 60mPa · s 水/硅油界面最终形成了 3 个液滴 A、B、C。

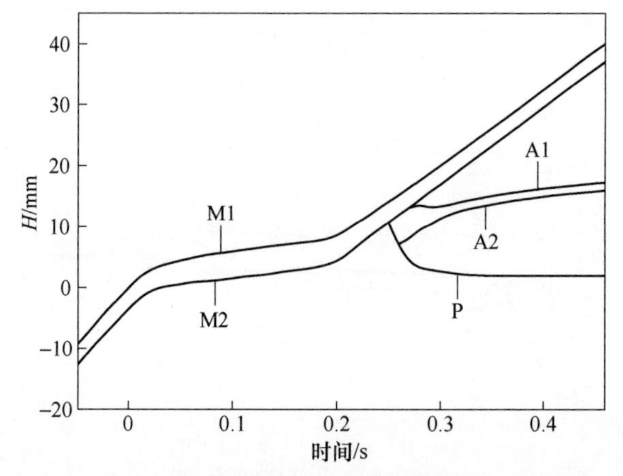

图 4-18　气泡及液滴高度随时间变化趋势曲线（对应图 4-17）

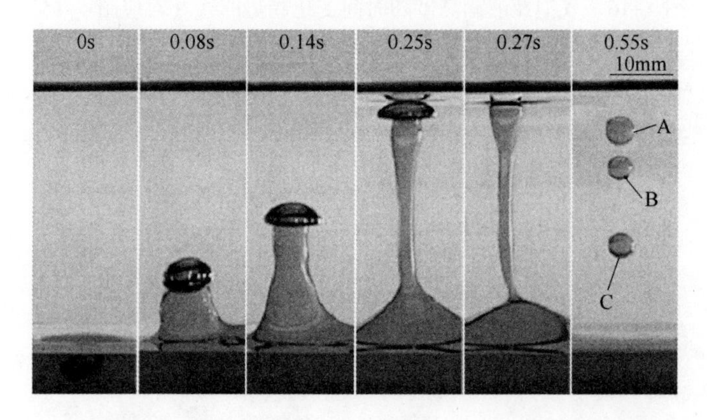

图 4-19　当量直径 7mm 气泡穿越黏度 60mPa · s 水/硅油界面不同时刻照片

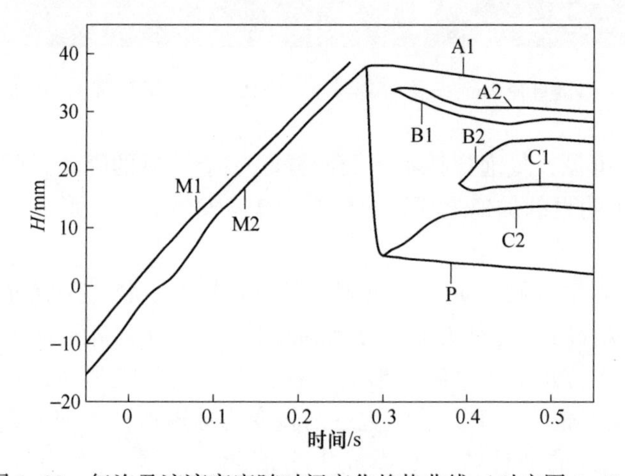

图 4-20　气泡及液滴高度随时间变化趋势曲线（对应图 4-19）

由图4-20可见，与其他尺寸气泡穿越水/硅油界面不同，7mm气泡穿越零界面斜率变化不明显，表明气泡没有明显的降速，穿越零界面后液柱随气泡上升，气泡在0.25s上升到硅油顶端发生破裂，液柱同样上升到硅油顶端，液柱分别在0.28s、0.31s、0.39s发生一次、二次、三次断裂，断裂后的液柱收缩成3个液滴，底部液柱回落到零界面。形成的3个液滴A、B、C纵向直径分别为4.4mm、3.4mm、3.8mm。

气泡当量直径不同时气泡夹带液滴的总体积及气泡夹带率，见表4-3。

表4-3 气泡尺寸变化时气泡夹带液滴体积及夹带率

<table>
<tr><th>硅油黏度/mPa·s</th><th>液滴名称</th><th>液滴直径/mm</th><th>液滴总体积/mm³</th><th>气泡实测当量直径/mm</th><th>气泡体积/mm³</th><th>夹带率/%</th></tr>
<tr><td>60</td><td>A</td><td>0.6</td><td>0.1</td><td>3</td><td>14.1</td><td>0.7</td></tr>
<tr><td>60</td><td>A</td><td>1.3</td><td>1.1</td><td>3.8</td><td>28.7</td><td>3.8</td></tr>
<tr><td rowspan="2">60</td><td>A</td><td>3.2</td><td rowspan="2">19.3</td><td rowspan="2">4.6</td><td rowspan="2">50.9</td><td rowspan="2">37.9</td></tr>
<tr><td>B</td><td>1.6</td></tr>
<tr><td rowspan="3">60</td><td>A</td><td>4.4</td><td rowspan="3">93.9</td><td rowspan="3">6.6</td><td rowspan="3">150.5</td><td rowspan="3">62.4</td></tr>
<tr><td>B</td><td>3.4</td></tr>
<tr><td>C</td><td>3.8</td></tr>
</table>

可见，气泡尺寸增加时，气泡夹带率呈明显增加的趋势，当气泡当量直径为3mm时，气泡夹带率仅为0.7%，当气泡当量直径为7mm时，夹带率增加到了62.4%，因此，小气泡有利于减少气泡的夹带量。

4.3 液滴运动特征分析

4.3.1 液滴沉降终端速率

液滴进入硅油中是不稳定状态，由于气泡上浮赋予液滴的动能逐渐耗尽后，液滴即开始下降，液滴下降时一个逐渐加速过程，达到一定速度后便不再加速，最终匀速下落到水/硅油界面，该速度称为液滴运动的终端速率。液滴在硅油中下降的理论终端速度计算公式如下：

$$v_d = \frac{Re_d \nu_s}{2r_d} \tag{4-5}$$

式中 Re_d——液滴下降的雷诺数，无量纲；

ν_s——硅油的运动黏度，m^2/s；

r_d——液滴半径，m；

v_d——液滴终端速度，m/s。

统计液滴运动参数见表4-4。

表4-4 统计液滴运动参数

r_b/mm	η_s/mPa·s	ν_s/mm^2·s^{-1}	液滴名称	r_d/mm	v_d/mm·s^{-1}	停留时间/s
2.3	63	74.1	A	1.60	5.8	9.7
			B	0.80	1.6	7.5
2.4	114	131.0	A	1.05	1.1	28
2.3	297	333.7	A	0.85	0.2	55
2.4	442	491.1	A	0.55	0.11	94
1.5	63	74.1	A	0.30	0.2	41
1.9	63	74.1	A	0.65	0.9	23.3
3.3	63	74.1	A	2.2	7.7	7.7
			B	1.7	5.4	7.1
			C	1.9	6.3	5.9

液滴下降的雷诺数 Re_d 计算公式如下：

当 $N_d \leqslant 73$，$Re_d \leqslant 2.37$ 时

$$Re_d = \frac{N_d}{24} - 1.7569 \times 10^{-4} N_d^2 + 6.9252 \times 10^{-7} N_d^3 \tag{4-6}$$

当 $73 \leqslant N_d \leqslant 580$，$2.37 \leqslant Re_d \leqslant 12.38$ 时

$$\lg Re_d = -1.7095 + 1.33438W - 0.11591W^2 \tag{4-7}$$

当 $580 \leqslant N_d \leqslant 1.55 \times 10^7$，$12.38 \leqslant Re_d \leqslant 6.35 \times 10^3$ 时

$$\lg Re_d = -1.81391 + 1.34671W - 0.12427W^2 \tag{4-8}$$

其中 N_d 及 W 的计算公式为：

$$N_d = \frac{32\rho_s(\rho_d - \rho_s)gr_d^3}{3\eta_s^2} \tag{4-9}$$

式中 ρ_d——液滴的密度，kg/m^3，本书对应水的密度即 1×10^{-3}kg/m^3；

ρ_s——上层液体的密度，kg/m^3，对应硅油密度，取值见表4-5；

η_s——上层液体的动力黏度，Pa·s，对应硅油的动力黏度，取值见表4-5；

g——重力加速度，9.8m/s^2；

N_d——无量纲数。

$$W = \lg N_d \tag{4-10}$$

将数据代入式（4-5）计算可得液滴在硅油中沉降的理论终端速度，与硅油黏度60mPa·s时液滴实际沉降速度比较如图4-21所示，可见理论计算结果与实测值符合较好。

表 4-5 对应参数取值

η_s/mPa·s	ρ_s/kg·t^{-1}	ρ_d/kg·t^{-1}	σ_{gd}/N·m^{-1}
63	945	1000	0.073
114	955	1000	0.073
297	965	1000	0.073
442	970	1000	0.073

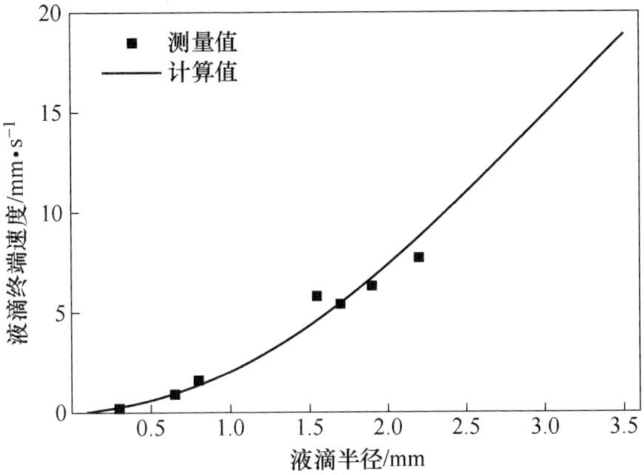

图 4-21 液滴半径与终端速率关系

4.3.2 液滴相关运动函数

液滴的沉降速度、液滴体积等运动参数受硅油黏度、气泡尺寸等因素的影响，有研究表明液滴在上层液体中的平均停留时间满足如下关系式：

$$\overline{t_d}=f_1(r_d,\ \rho_d,\ \rho_s,\ \eta_s,\ g) \tag{4-11}$$

式中，$\overline{t_d}$ 为液滴在上层液体中的平均停留时间，s。

液滴平均半径 $\overline{r_d}$ 可如下表示：

$$\overline{r_d}=f_2(r_b,\ \sigma_{sd},\ \sigma_{gd},\ \rho_d,\ \rho_s,\ \eta_d,\ \eta_s,\ g) \tag{4-12}$$

式中 $\overline{r_d}$——液滴平均半径，m；

r_b——气泡半径，m；

σ_{gd}——气泡与液滴之间的界面张力，N/m，即水的表面张力，取值见表 4-5；

σ_{sd}——上层液体与液滴之间的界面张力，N/m，可由 Good-Girifalco 公式计算。

$$\sigma_{12}=\sigma_1+\sigma_2-2\varphi_{12}(\sigma_1\sigma_2) \tag{4-13}$$

式中 σ_{12}——液体两相之间的界面张力，N/m；

σ_1——液相 1 的表面张力，N/m；

σ_2——液相 2 的表面张力，N/m；

φ_{12}——相互作用系数，其值范围一般为 0.5 ~ 1.15 之间，对于硅油—水系统，20℃时取 0.55。

20℃时硅油的表面张力为 0.020 ~ 0.021N/m，20℃时水的表面张力为 0.073N/m，代入式（4 - 13）计算可得，水/硅油界面张力为 0.05037 ~ 0.05041N/m，可见，在20℃下当硅油黏度发生变化时，水/硅油界面张力几乎保持不变。因此，水/硅油界面张力可视为常量，不考虑其对液滴运动参数的影响。

夹带的液滴总体积 $V_{d,total}$ 可用如下函数关系式表示：

$$V_{d,\ total} = f_3(V_b,\ \sigma_{sd},\ \sigma_{gd},\ \rho_d,\ \rho_s,\ \eta_d,\ \eta_s,\ g) \tag{4-14}$$

式中 $V_{d,total}$——夹带的液滴总体积，m^3；

V_b——气泡体积，m^3。

将实验数据回归分析，可得如下函数关系式：

（1）液滴平均沉降时间。液滴平均沉降时间 $\overline{t_d}$，是关于 $\frac{\rho_s}{\rho_d}$ 及 $\left(\frac{\overline{r_d}}{g}\right)$ 的函数关系式，如式（4-15）所示，其相关性如图 4-22 所示。

$$\overline{t_d} = 663N_d^{-0.45}\left(\frac{\rho_s}{\rho_d}\right)^{-16}\left(\frac{\overline{r_d}}{g}\right)^{0.5} \tag{4-15}$$

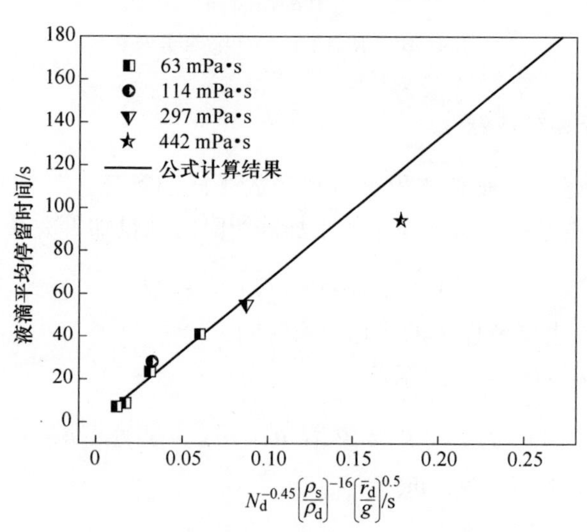

图 4-22 液滴平均沉降时间函数关系式

（2）液滴平均半径。首先引入 Eotvös 数，如下：

$$Eo_b = \frac{g\rho_s r_b^2}{\sigma_{gd}} \tag{4-16}$$

液滴平均半径 $\overline{r_d}$ 是关于黏度比 $\frac{\eta_s}{\eta_d}$、密度比 $\frac{\rho_d}{\rho_s}$ 及 Eotvös 数的函数，如式（4-17）

所示，其相关性如图 4-23 所示。

$$\overline{r_d} = 1.06\left(\frac{\eta_s}{\eta_d}\right)^{-0.29}\left(\frac{\rho_s}{\rho_d}\right)^{-19.5} Eo_b^{1.28} r_b \tag{4-17}$$

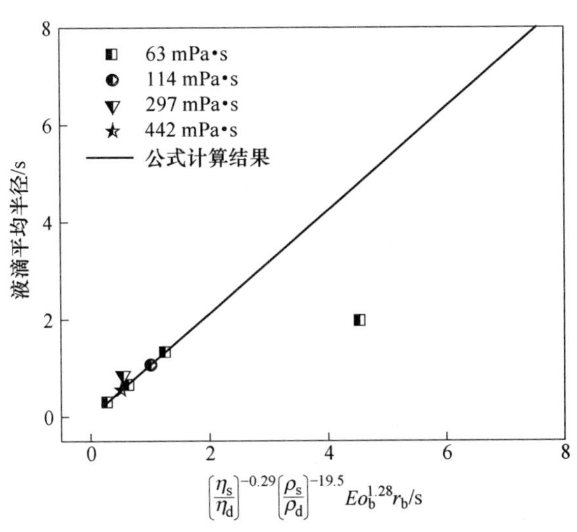

图 4-23 液滴平均半径函数关系式

（3）夹带率。夹带率 M 是关于黏度比 $\frac{\eta_s}{\eta_d}$、密度比 $\frac{\rho_d}{\rho_s}$ Eotvös 数的函数，如式（4-18）所示，其相关性如图 4-24 所示。

$$M = 1.6 Eo_b^{1.37}\left(\frac{\eta_s}{\eta_d}\right)^{-3.87}\left(\frac{\rho_s}{\rho_d}\right)^{1.65} \tag{4-18}$$

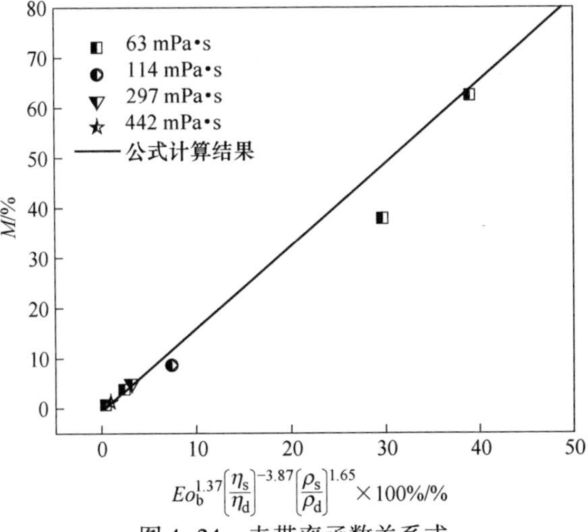

图 4-24 夹带率函数关系式

4.4 气泡夹带机理

4.4.1 气泡夹带液柱受力

气泡夹带的液滴是液柱断裂形成，气泡向上运动时，夹带的液柱主要受力示意图如图 4-25 所示。

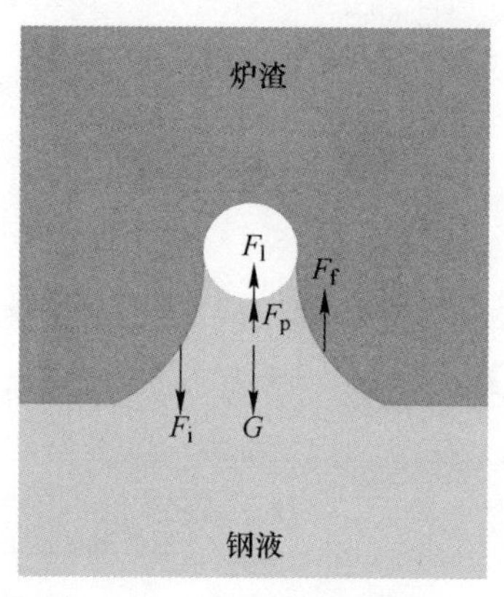

图 4-25 气泡夹带液柱受力

气泡下方液柱主要受力有：

（1）浮力。液柱进入上层液体中，受到来上层液体的浮力 F_f。

$$F_f = \rho_s V g \tag{4-19}$$

式中，V 为液柱体积，m^3。

（2）黏附力。黏附力 F_l 来源于液柱顶端与气泡的黏附，即水和气泡之间的黏附力。黏附力的影响因素包括黏附材料的化学成分及分子结构、被黏附体的表面性质、黏附时的外部条件包括温度等。当其他条件固定保持不变时，接触面积越大则黏附力越大，且两者线性相关。实验中气泡与水的接触面积近似由气泡下方液柱的截面积表示，如图 4-26 所示。

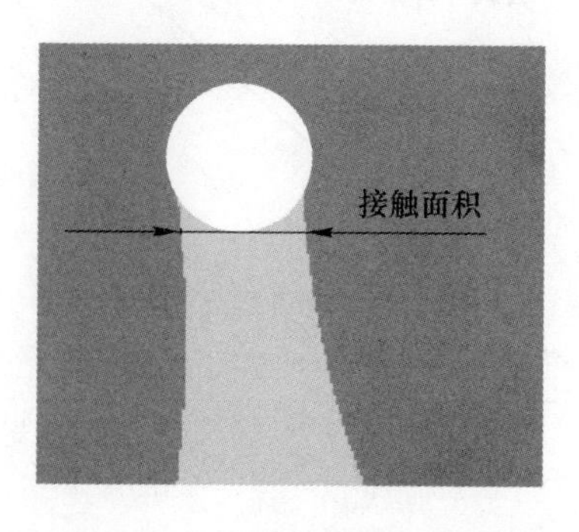

图 4-26 气泡与液柱接触面积示意图

(3) 曳力。曳力指液柱和硅油之间的摩擦力，由液柱和硅油之间的相对运动产生，曳力可用如下公式计算：

$$F_i = \frac{1}{2}\rho_s C_i \Delta v^2 S \tag{4-20}$$

式中 C_i——曳力系数；

S——液柱的迎风面积，m^2；

Δv——硅油和液柱的相对速度差，m/s。

(4) 惯性力。液柱随气泡向上运动，在气泡的带动下液柱产生向上的惯性力。

$$F_p = ma \tag{4-21}$$

式中 m——液柱质量，kg；

a——液柱向上做减速运动瞬时加速度，m/s^2。

液柱向上做减速运动瞬时加速度主要由液柱的初速度决定，初速度越大，加速度越大，因此气泡穿越水/硅油界面的速度决定了惯性力。

(5) 液柱自身重力 G。

$$G = mg \tag{4-22}$$

式中，m 为液柱的质量，kg。

最终，液柱总的受力为：

$$F = F_p + F_l + F_f - F_i - G \tag{4-23}$$

式中 F_i，G——阻止液柱进入硅油的阻力；

F_p，F_l，F_f——促使液柱进入硅油的驱动力。

4.4.2 液滴形成原理

由于气泡的向上运动，赋予了液柱进入硅油中的驱动力，液柱在驱动力的作用下，穿越水/硅油界面进入上方的硅油中。由于液柱自身重力及曳力等阻力的影响，液柱的运动速度小于气泡的运动速度，同时液柱的顶端由于气泡的黏附，使得液柱不断通过拉长来维持与气泡的黏附，从而使液柱变成漏斗状，当液柱顶端与气泡之间的黏附力不能维持液柱与气泡之间的黏附时，液柱与气泡分离。

气泡穿越水/硅油界面的平均速度见表4-6，该平均速度为曲线 M1 从高度为0 的零界面至高度为 10mm 之间的平均斜率。可见，当气泡尺寸保持不变时，硅油黏度分别为 60mPa·s、120mPa·s、300mPa·s、450mPa·s 时，气泡穿越水/硅油界面的平均速度分别为 136mm/s、84mm/s、68mm/s、44mm/s。硅油黏度增加时，气泡穿越水/硅油界面的平均速度呈降低趋势。当硅油黏度保持不变时，气泡尺寸分别为 3mm、4mm、5mm、7mm 时，气泡穿越水/硅油界面的平均速度分别为 17mm/s、47mm/s、136mm/s、183mm/s。气泡尺寸增加时，气泡穿越水/

硅油界面的平均速度呈增加趋势。

表 4-6 气泡穿越水/硅油界面时的平均速度

气泡尺寸/mm	硅油黏度	速度/mm·s^{-1}
5	60	136
5	120	84
5	300	68
5	450	44
3	60	17
4	60	47
7	60	183

气泡当量直径保持 5mm 不变时，气泡在穿越水/硅油界面后在硅油中的运动形态随着硅油黏度的增加逐渐由球冠形转变为锥球形，而保持硅油黏度不变时，随着气泡当量直径的增加，气泡的运动形态由锥球形转变为球冠形。气泡的运动形态影响气泡与液柱之间的接触面积，使得气泡与液柱之间的黏附力发生变化，图 4-27 为液柱与气泡分离前接触面积变化趋势图，可见，锥球形气泡接触面积明显小于球冠形气泡。

比较当量直径 5mm 气泡穿越不同黏度硅油的水/硅油界面照片，可见，气泡在与液柱分离前主要有球冠形和锥球形两种形态。而硅油黏度固定为 63mPa·s，气泡当量直径变化时，同样存在类似的变化规律。气泡运动形态的变化时，气泡与液柱接触面积不同，液柱与气泡间黏附力不同。图 4-27 为气泡与液柱分离前 0.1s 接触面积变化，球冠形气泡接触面积明显大于锥球形气泡。

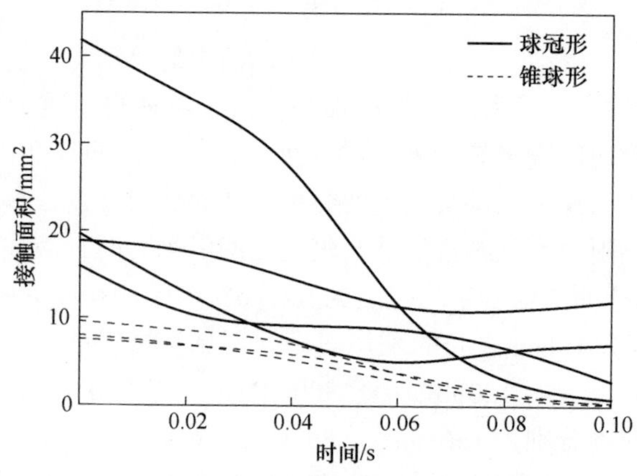

图 4-27 液柱与气泡分离前接触面积变化趋势图

液柱的驱动力主要是浮力、惯性力和黏附力，液柱的惯性力主要由气泡的运动速度决定，气泡速度越大惯性力越大，而液柱的黏附力则取决于液柱与气泡之间的接触面积，接触面积越大黏附力越大。由于气泡的运动速度及运动形态的变化，液柱的惯性力和黏附力不同，进入硅油中液柱的体积不同。液柱进入硅油后不断收缩，液柱在自身重力及曳力等阻力的作用下，液柱不断减速，并与气泡之间有分离的趋势。液柱与气泡分离后，液柱在阻力作用下逐渐停止运动，并最终由于自身重力的影响逐渐向零界面回落。当液柱来不及回落到零界面前已发生断裂，形成进入硅油中的液滴。

A. Suter 使用物理模拟的方法研究表明：液柱进入上层液体的高度决定了气泡的夹带量，Lauri Hollppa 的研究结果表明：液柱进入上层液体的高度越高，液柱在上层液体中的稳定性越差，液柱更容易断裂在上层液体中，液柱的断裂形成了气泡夹带的液滴。图 4-28 为液柱高度与液滴体积变化趋势图，图 4-29 为液柱高度与夹带率变化趋势图，可见，液柱高度增加时，液滴的体积及气泡夹带率增加。

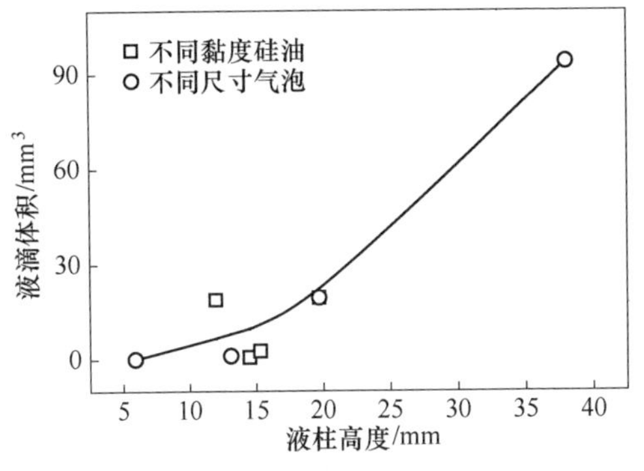

图 4-28 液柱高度与液滴体积变化趋势图

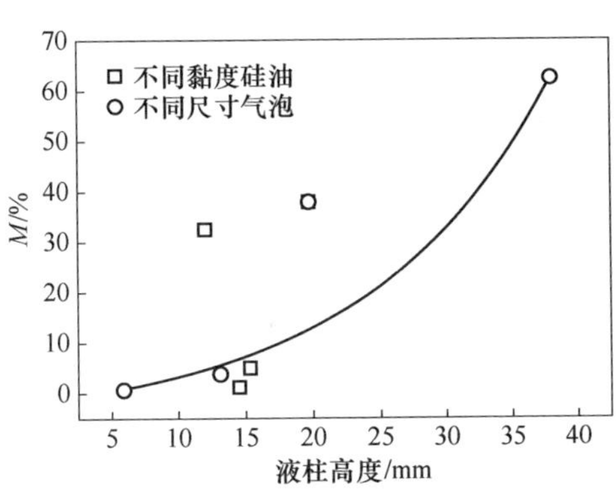

图 4-29 液柱高度与夹带率变化趋势图

4.4.3 气泡夹带机理

气泡尺寸及炉渣黏度的差异，使得气泡穿越钢/渣界面的速度不同，同时也导致气泡的形态不同。下层钢液与气泡的黏附，形成穿越钢/渣界面的液柱，而气泡穿越钢/渣界面的速度决定了液柱进入炉渣的驱动力，气泡的运动速度越大，液柱进入炉渣的高度越高。液柱进入炉渣后，受炉渣阻力的影响不断减速，并且由于自身的表面张力不断收缩，液柱与气泡的黏附面积不断减小，而气泡形态由球冠形向锥球形转变时同样影响黏附面积，从而使黏附力减小，达到临界黏附力时，气泡与液柱分离。气泡与液柱分离后液柱由于惯性向上运动一段距离后逐渐停止，并开始在重力作用下向钢/渣界面回落并收缩，没来得及回落到钢渣界面就已经收缩断裂的液柱形成进入炉渣中的液滴，其中运动速度较慢的锥球形气泡夹带的是小尺寸液滴，高速运动的球冠形气泡夹带的是大尺寸液滴。气泡夹带机理如图 4-30 所示。

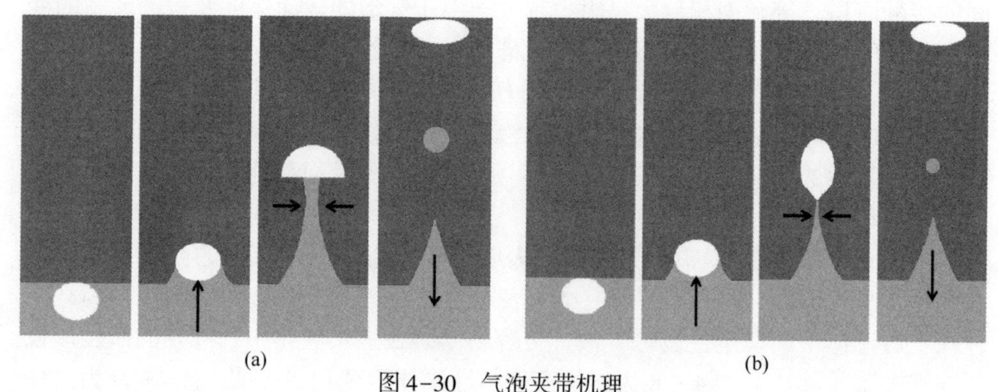

(a)　(b)

图 4-30　气泡夹带机理

(a) 大尺寸液滴；(b) 小尺寸液滴

4.5　本章小结

本章小结如下：

(1) 硅油黏度增加时，气泡夹带率呈明显下降的趋势，当硅油黏度为 60mPa · s 时，气泡夹带率为 37.9%，当黏度增加到 450mPa · s 时，夹带率降低到了 1.2%。

(2) 气泡尺寸增加时，气泡夹带率呈明显增加的趋势，当气泡当量直径为 3mm 时，气泡夹带率仅为 0.7%，当气泡当量直径为 7mm 时，夹带率增加到了 62.4%。

(3) 液滴平均沉降时间 $\overline{t_d}$，是关于 $\frac{\rho_s}{\rho_d}$ 及 $\left(\frac{\overline{r_d}}{g}\right)$ 的函数关系式：$\overline{t_d} = 663N_d^{-0.45}\left(\frac{\rho_s}{\rho_d}\right)^{-16}\left(\frac{\overline{r_d}}{g}\right)^{0.5}$。

(4) 液滴平均半径 $\overline{r_d}$ 是关于黏度比 $\frac{\eta_s}{\eta_d}$、密度比 $\frac{\rho_d}{\rho_s}$ 及 Eotvös 数的函数，$\overline{r_d} = 1.06\left(\frac{\eta_s}{\eta_d}\right)^{-0.29}\left(\frac{\rho_s}{\rho_d}\right)^{-19.5} Eo_b^{1.28} r_b$。

(5) 夹带率 M 是关于黏度比 $\frac{\eta_s}{\eta_d}$、密度比 $\frac{\rho_d}{\rho_s}$ 及 Eotvös 数的函数，$M = 1.6Eo_b^{1.37}\left(\frac{\eta_s}{\eta_d}\right)^{-3.87}\left(\frac{\rho_s}{\rho_d}\right)^{1.65}$。

(6) 运动速度较慢的锥球形气泡夹带的是小尺寸液滴，高速运动的球冠形气泡夹带的是大尺寸液滴。

5 脱磷渣物相析出及与脱磷的关系

留渣双渣工艺脱磷阶段倒渣和脱磷是该工艺的关键控制环节，前两章已分别研究了留渣双渣工艺倒渣量、倒渣过程中铁损的影响因素及控制方法，本章进一步研究脱磷阶段脱磷的有利热力学条件。

对于炉渣物相的研究是最近十多年转炉脱磷研究领域的热点之一，冶金学者研究后发现，转炉脱磷的基本过程包括：

（1）钢液中的磷被氧化后通过钢/渣界面传质进入渣中；

（2）进入渣中的磷在渣相中分配，形成富磷相和基体相等物相。

两者相互制约，共同决定了最终的脱磷效果。前人的研究多集中在过程（1），得出的结论如热力学平衡态下炉渣碱度越高对脱磷越有利。对于过程（2）的研究相对较少，过程（2）对于提高脱磷效率同样具有重要意义。炉渣中的物相主要受炉渣成分的影响，在转炉炼钢生产中炉渣的成分是不断变化的，主要由于冶炼过程中不断向炉渣中加入石灰、白云石等造渣料，随着石灰的溶解渣中的氧化钙含量不断增加，另外铁水中的硅、锰等元素不断被氧化形成氧化硅和氧化锰，不断进入渣中。

5.1 研究方法

炉渣碱度是炉渣脱磷能力的关键参数，本章以转炉生产留渣双渣工艺脱磷阶段脱磷渣及脱碳阶段炉渣成分为参考，在保证其余成分与脱磷渣相似的前提下，做了以下研究：

（1）通过改变氧化钙和二氧化硅的相对含量，研究碱度变化条件下渣中磷的赋存形式，分析渣中物相析出行为，并进一步探明了不同物相中磷的分配规律，得出了留渣双渣工艺脱磷阶段脱磷合适的炉渣碱度条件。

（2）研究了 Al_2O_3 熔融改质对渣中磷的富集行为的影响规律，Al_2O_3 改质过程中 $2CaO \cdot SiO_2$-$3CaO \cdot P_2O_5$ 固溶体生成的热力学基础，进一步完善了留渣双渣工艺理论基础。

5.1.1 实验装置及原料

使用分析纯试剂配制实验渣，包括含量（质量分数）在99%以上的试剂：CaO，SiO_2，P_2O_5，$MnCO_3$，MgO，Fe_2O_3，Al_2O_3。将以上分析纯试剂按成分要求计算质量后称重放入高纯氧化镁坩埚中，并在氧化镁坩埚外面套上石墨保护坩埚，其中氧化镁坩埚尺寸为60mm×120mm×3mm（外径×高×壁厚）；石墨坩埚尺寸为75mm×130mm×4mm，如图5-1所示。

图5-1 实验用氧化镁坩埚及石墨坩埚

热态实验在立式管式电阻炉上进行，加热组件为硅钼棒，温度测量装置为B型双铂铑热电偶，温度控制装置为708P智能温控调节仪，可实现编程自动控制炉内温度，最大升温速度10℃/min，最高使用温度1650℃，温度误差±1℃，如图5-2所示。

图5-2 实验用管式电阻炉

5.1.2 实验方案设计与思路

分析炉渣碱度对渣中物相析出的影响，实验炉渣成分以转炉生产脱磷渣成分为参考，在保证其余成分与脱磷渣相似的前提下，改变氧化钙和二氧化硅的相对含量，实验设计炉渣成分见表5-1。

表5-1 研究碱度对渣中物相析出影响实验设计炉渣成分 （质量分数/%）

成分	A	B	C	D
CaO	31.5	37.8	42	45
SiO_2	31.5	25.2	21	18

续表 5-1

成分	A	B	C	D
MgO	6	6	6	6
MnO	6	6	6	6
Fe_2O_3	20	20	20	20
P_2O_5	5	5	5	5
$R(CaO/SiO_2)$	1	1.5	2	2.5

研究 Al_2O_3 熔融改质对渣中磷的富集行为的影响，实验炉渣成分以转炉生产脱碳渣成分为参考，通过改变 Al_2O_3 含量，并保证炉渣碱度不变来研究 Al_2O_3 改性对钢渣中磷富集行为的影响，改性渣成分见表 5-2。

表 5-2 研究 Al_2O_3 熔融改质对渣中磷的富集行为影响实验设计炉渣成分

（质量分数/%）

成分	E	F	G
CaO	46.5	39.7	36
SiO_2	15.5	13.3	12
MgO	6	6	6
MnO	5	5	5
Fe_2O_3	16	16	16
P_2O_5	10	10	10
Al_2O_3	1	10	15
$R(CaO/SiO_2)$	3	3	3

将适量配制炉渣放入立式管式电阻炉中后，将其升温至预期温度，升温程序如图 5-3 所示。

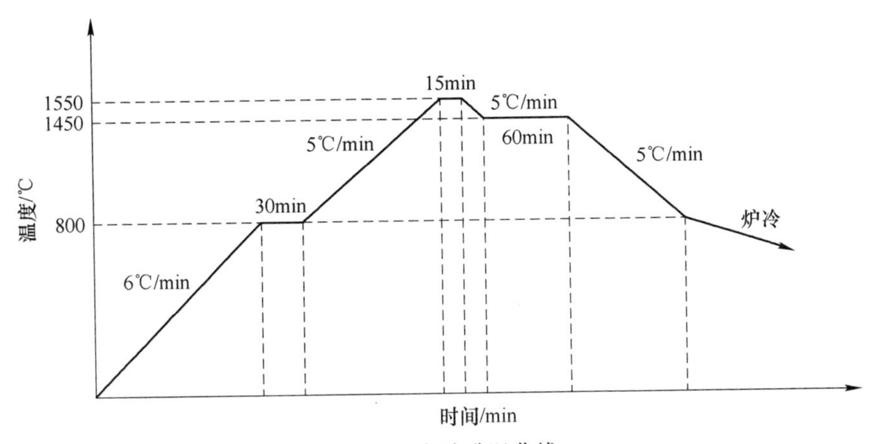

图 5-3 实验升温曲线

本章的主要研究内容如下：

（1）通过 FactSage 热力学软件计算，保持炉渣相同的温度制度，变化炉渣碱度，研究碱度对炉渣物相析出的影响规律。

（2）通过实验室热态实验，保持炉渣相同的温度制度，变化炉渣碱度，研究碱度对炉渣中磷的赋存形式的影响规律。

（3）比较热力学软件计算结果和热态实验结果，研究渣中磷的分配行为，得出适宜脱磷的热力学条件。

（4）研究 Al_2O_3 熔融改性对富磷相生产的影响热力学，进而分析 Al_2O_3 熔融改性对转炉渣中磷富集行为的影响规律。

5.2 碱度对脱磷渣物相析出规律的影响

5.2.1 碱度 1.0 炉渣物相析出情况

图 5-4 为 FactSage 7.0 热力学软件计算实验炉渣 A 从 1800℃到 800℃冷却时物相析出结果，可见实验炉渣 A 析出 CORU 相的温度在 1250℃，析出硅灰石相的温度在 1230℃，并随着温度的降低硅灰石相的析出量逐渐增加，硅灰石相在 1180℃时析出量达到最高值，之后 Fe_2O_3 进入 CORU 相和硅灰石相中，形成 $Ca_3Fe_2Si_3O_{12}$ 相，随着温度进一步降低，$Ca_3Fe_2Si_3O_{12}$ 相析出量逐渐增加，而硅灰石相析出量逐渐减少，当温度降低到 1120℃时，不再有硅灰石相析出，而 $Ca_3Fe_2Si_3O_{12}$ 相析出量在 1020℃时达到最高值。

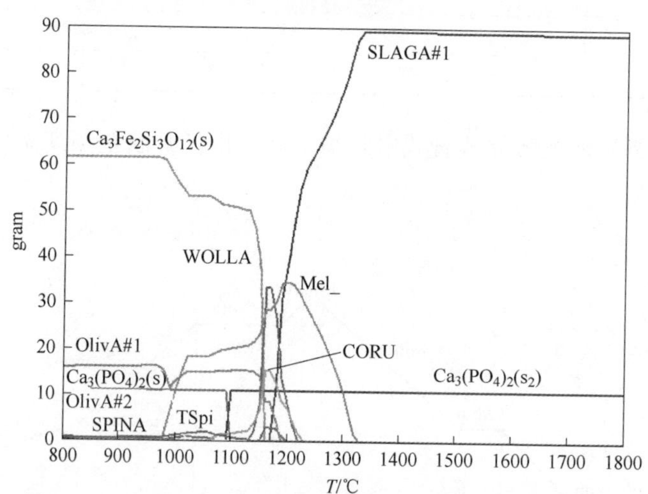

图 5-4 实验炉渣 A 1800～800℃冷却时物相析出计算结果

5.2.2 碱度 1.5 炉渣物相析出情况

图 5-5 为利用 FactSage 7.0 中 Fact 和 FToxid 数据库计算表 5-1 中实验方案 B

熔渣从 1800℃到 800℃凝固过程中物相的析出过程。

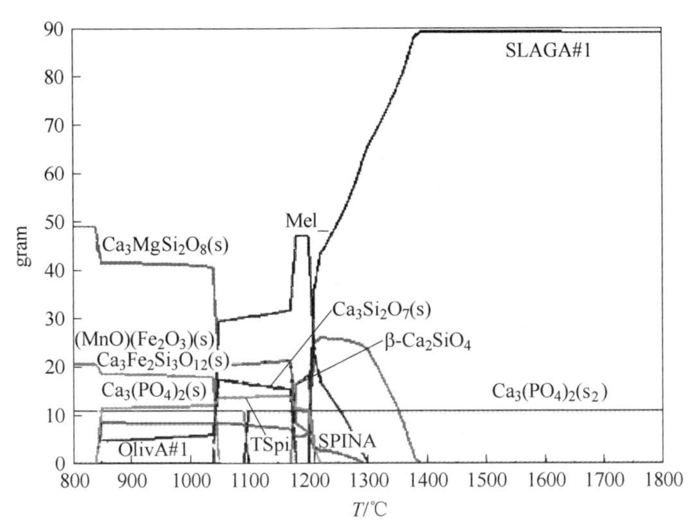

图 5-5 实验炉渣 B 1800 ~ 800℃冷却时物相析出计算结果

图 5-5 为 FactSage 7.0 热力学软件计算实验炉渣 B 从 1800℃到 800℃冷却时物相析出结果，可见实验炉渣 B 析出 $Ca_3MgSi_2O_8$ 相的温度在 1410℃，随着温度的降低 $Ca_3MgSi_2O_8$ 相的析出量逐渐增加，析出 β-Ca_2SiO_4 相的温度在 1230℃，随着温度降低到 1190℃时 β-Ca_2SiO_4 相逐步发生分解反应形成 $Ca_3Si_2O_7$ 相，当温度降低到 1150℃时，不再有 β-Ca_2SiO_4 相析出，并且 $Ca_3Si_2O_7$ 相析出量达到最高值，之后 $Ca_3Si_2O_7$ 相发生分解，分解产生的 CaO 进入 $Ca_3MgSi_2O_8$ 相中，并形成 $CaSiO_3$ 相。析出 $Ca_3Fe_2Si_3O_{12}$ 相的温度在 1030℃，800℃时渣中析出 $Ca_3MgSi_2O_8$ 相、$Ca_3Fe_2Si_3O_{12}$ 相、$Ca_3(PO_4)_2$ 相、(MnO)(Fe_2O_3) 相等。

5.2.3 碱度 2.0 炉渣物相析出情况

图 5-6 为 FactSage 7.0 热力学软件计算实验炉渣 C 从 1800℃到 800℃冷却时物相析出结果，可见实验炉渣 C 析出 α-Ca_2SiO_4 相的温度在 1560℃，随着温度的降低 α-Ca_2SiO_4 相的析出量逐渐增加，但 α-Ca_2SiO_4 在 1400℃发生晶型转变，不再有 α-Ca_2SiO_4 析出，α-Ca_2SiO_4 转变为 β-Ca_2SiO_4，同时 $Ca_3MgSi_2O_8$ 相开始析出，并随着温度的降低 $Ca_3MgSi_2O_8$ 相的析出量逐渐增加，温度 1160℃时，β-Ca_2SiO_4 相开始与炉渣发生反应，该反应使 $Ca_3MgSi_2O_8$ 相析出量迅速增加，并伴随析出 $Ca_2Fe_2O_5$ 相，温度降低到 920℃时，β-Ca_2SiO_4 相不再析出，$Ca_2Fe_2O_5$ 相析出量达到最高值。800℃时渣中析出 $Ca_3MgSi_2O_8$ 相、$Ca_2Fe_2O_5$ 相、$Ca_3(PO_4)_2$ 相、(MnO)(Fe_2O_3) 相等。

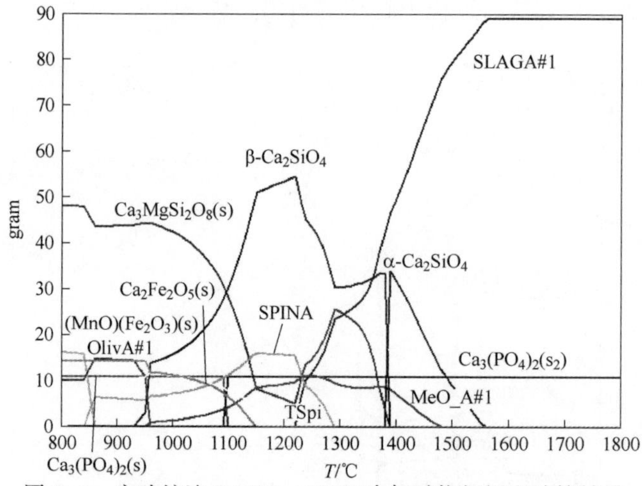

图 5-6 实验炉渣 C 1800～800℃冷却时物相析出计算结果

5.2.4 碱度 2.5 炉渣物相析出情况

图 5-7 为 FactSage 7.0 热力学软件计算实验炉渣 D 从 1800℃到 800℃冷却时物相析出结果，可见实验炉渣 D 析出 α-Ca_2SiO_4 相的温度在 1640℃，随着温度的降低 α-Ca_2SiO_4 相的析出量逐渐增加，但 α-Ca_2SiO_4 在 1400℃发生晶型转变，不再有 α-Ca_2SiO_4 析出，α-Ca_2SiO_4 转变为 β-Ca_2SiO_4，温度 1160℃时，β-Ca_2SiO_4 相与开始与炉渣发生反应，该反应使 $Ca_3MgSi_2O_8$ 相析出量逐渐增加，并伴随析出 $Ca_2Fe_2O_5$ 相，温度降低到 920℃时，β-Ca_2SiO_4 相不再析出，$Ca_2Fe_2O_5$ 相析出量达到最高值。800℃时渣中析出 $Ca_3MgSi_2O_8$ 相、$Ca_2Fe_2O_5$ 相、$Ca_3(PO_4)_2$ 相等。

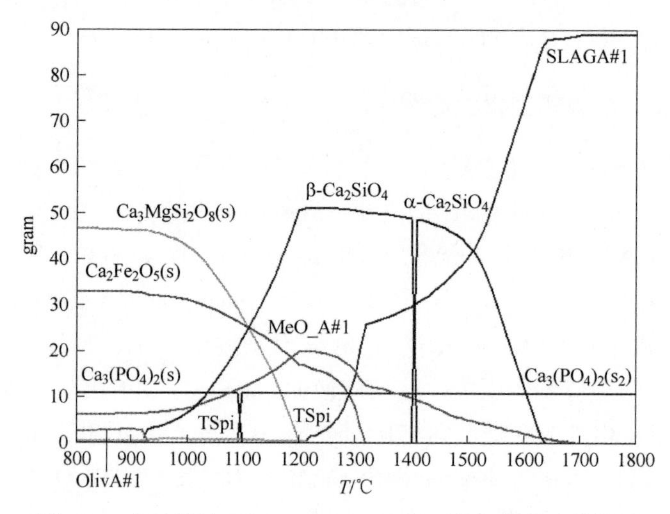

图 5-7 实验炉渣 D 1800～800℃冷却时物相析出计算结果

从图 5-4 ~ 图 5-7 可见，炉渣冷却时，渣中的磷都是以 $Ca_3(PO_4)_2$ 相的形式存在，炉渣碱度变化时，$\alpha-Ca_3(PO_4)_2$ 相转变为 $\beta-Ca_3(PO_4)_2$ 相的温度保持不变，都在 1100℃左右，且析出量相同。但是，Ca_2SiO_4 相的析出受炉渣碱度的影响很大；当炉渣碱度为 1.0 时，渣中没有 Ca_2SiO_4 相析出；当碱度增加到 1.5 时，渣中出现 Ca_2SiO_4 相的析出，且 Ca_2SiO_4 相开始析出温度随炉渣碱度的增加而升高，析出温度区间及析出量同样随炉渣碱度的增加而扩大。

5.3 碱度对脱磷渣中磷的赋存形式的影响

5.3.1 碱度 1.0 脱磷渣中磷的赋存形式

图 5-8 为碱度 1.0 实验炉渣背散射电镜照片，图 5-9 为碱度 1.0 实验炉渣 XRD 物相分析结果，图 5-10 为背散射电镜照片 A-1 对应面扫描照片，表 5-3 ~ 表 5-5 为碱度 1.0 A-1 ~ A-3 实验炉渣 EDS 分析结果。由以上照片及检测结果可知：碱度 1.0 实验渣主要由灰色的基体相、浅白色的富磷相及白色的富铁相三相组成。其中，渣中的基体相主要由 $Ca_3MgSi_2O_8$ 相组成，另外还含有少量的磷和铁；渣中的磷主要以 $2CaO \cdot SiO_2-3CaO \cdot P_2O_5$ 固溶体形式存在于富磷相中；渣中的铁主要存在于富铁相中，富铁相在电镜照片中为白色，主要是铁氧化物或铁锰混合氧化物，热态实验结果与 FactSage 7.0 计算结果基本相同。

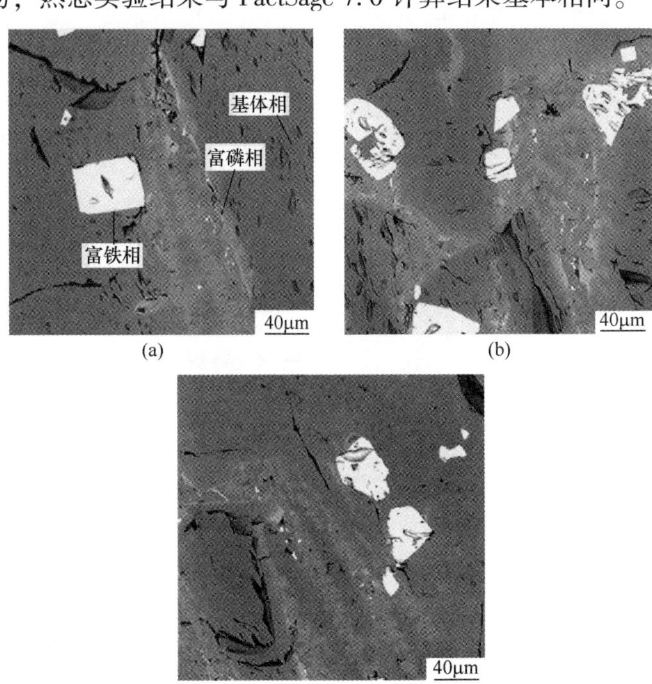

图 5-8 碱度 1.0 实验炉渣背散射电镜照片

(a) A-1；(b) A-2；(c) A-3

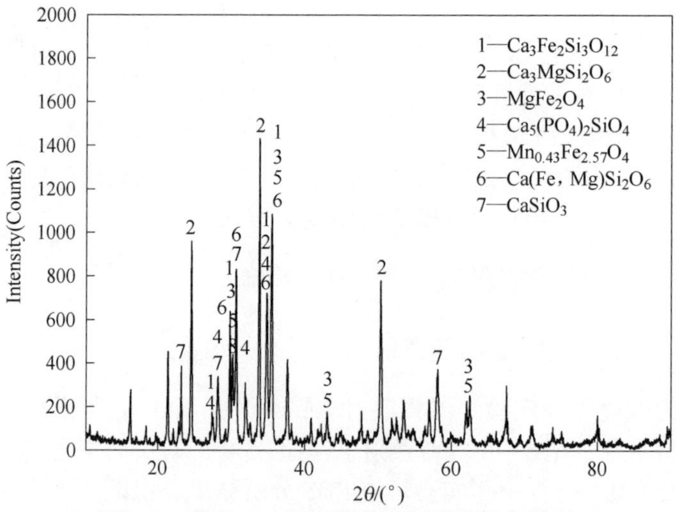

图 5-9 碱度 1.0 实验炉渣 XRD 物相分析结果

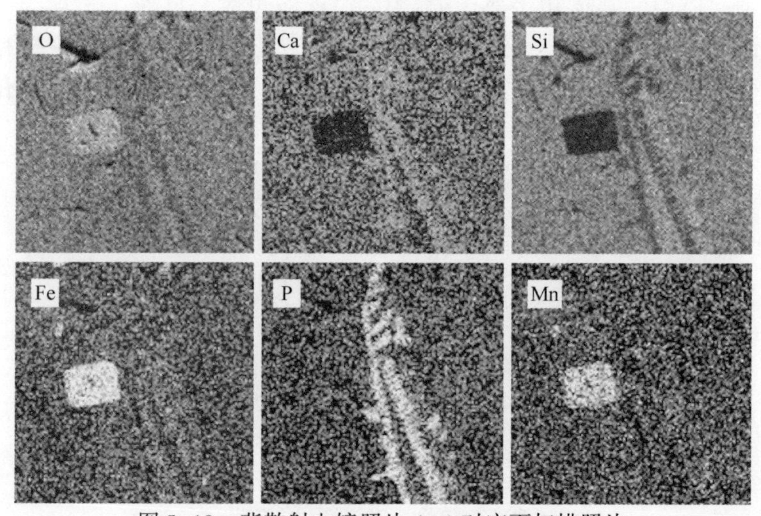

图 5-10 背散射电镜照片 A-1 对应面扫描照片

表 5-3 碱度 1.0 A-1 实验炉渣 EDS 分析结果 （质量分数/%）

成分	富磷相	基体相	富铁相
CaO	51.37	29.64	0.5
SiO_2	13.68	39.18	0.6
MgO	1.58	21.68	9.5
MnO	2.14	3.85	7.4
Fe_2O_3	2.15	3.7	81.6
P_2O_5	29.08	1.95	0.3

表 5-4 碱度 1.0 A-2 实验炉渣 EDS 分析结果 （质量分数/%）

成分	富磷相	基体相	富铁相
CaO	51.29	29.32	0.54
SiO_2	14.41	39.01	0.59
MgO	1.56	21.12	9.54
MnO	2.52	4.36	7.37
Fe_2O_3	0	4.26	81.62
P_2O_5	30.22	1.93	0.34

表 5-5 碱度 1.0 A-3 实验炉渣 EDS 分析结果 （质量分数/%）

成分	富磷相	基体相	富铁相
CaO	51.14	31.26	0.63
SiO_2	14.29	40.89	0
MgO	1.6	21.62	10.67
MnO	1.86	4.41	7.35
Fe_2O_3	1.46	0	81.35
P_2O_5	29.65	1.82	0

5.3.2 碱度 1.5 脱磷渣中磷的赋存形式

图 5-11 为碱度 1.5 实验炉渣背散射电镜照片，图 5-12 为碱度 1.5 实验炉渣 XRD 物相分析结果，图 5-13 为背散射电镜照片 B-1 对应面扫描照片，表 5-6 ~

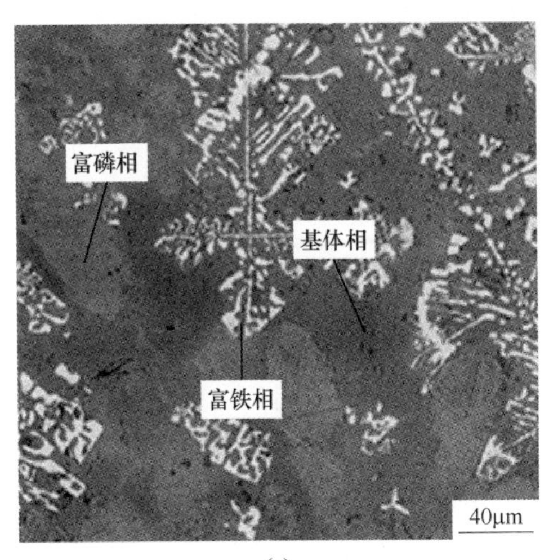

(a)

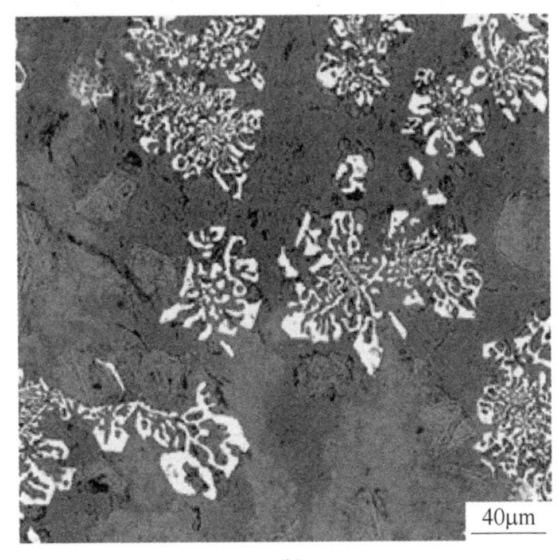

(b)

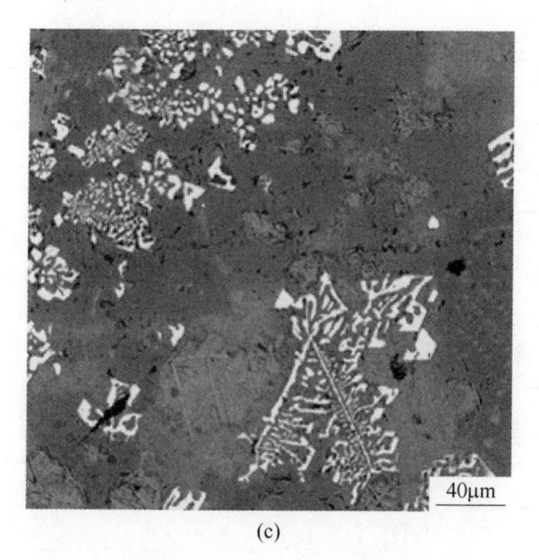

(c)

图 5-11 碱度 1.5 实验炉渣背散射电镜照片

(a) B-1；(b) B-2；(c) B-3

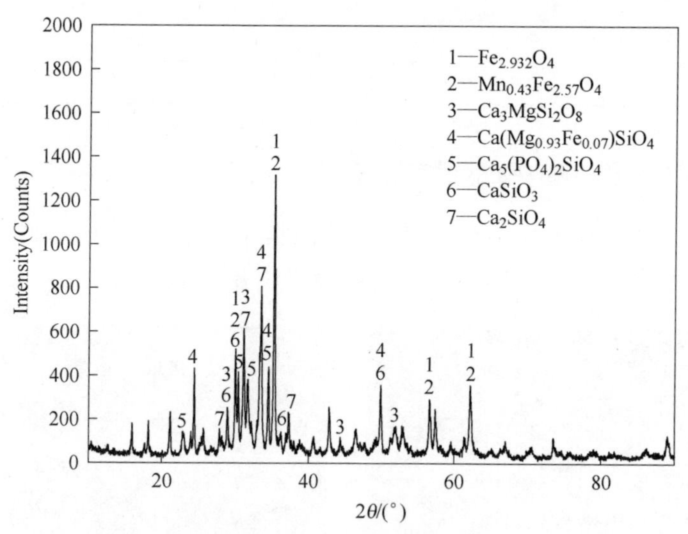

图 5-12 碱度 1.5 实验炉渣 XRD 物相分析结果

表 5-8 为碱度 1.5 B-1 ~ B-3 实验炉渣 EDS 分析结果。由以上照片及检测结果可知：碱度 1.5 实验渣同样是由灰色的基体相、浅白色的富磷相及白色的富铁相三相组成。其中，基体相主要由 $Ca_3MgSi_2O_8$ 相及 $Ca_3Fe_2Si_3O_{12}$ 相组成，另外还含有少量的磷和铁；渣中的磷主要以 $2CaO \cdot SiO_2$-$3CaO \cdot P_2O_5$ 固溶体形式存在于富磷相中；渣中的铁主要存在于富铁相中，富铁相在电镜照片中为白色，主要是铁氧化物或铁锰混合氧化物，热态实验结果与 FactSage 7.0 计算结果基本相同。

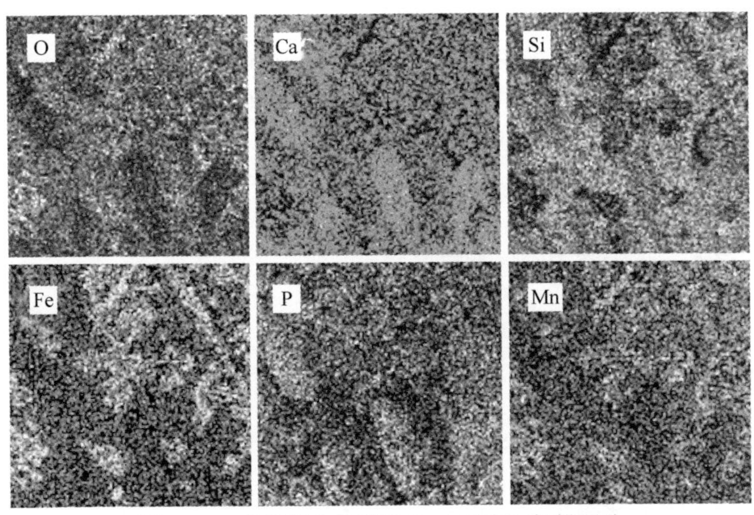

图 5-13 背散射电镜照片 B-1 对应面扫描照片

表 5-6 碱度 1.5 B-1 实验炉渣 EDS 分析结果 （质量分数/%）

成分	富磷相	基体相	富铁相
CaO	54.63	41.69	0.28
SiO_2	17.53	35.25	0.37
MgO	0.7	15.24	7.3
MnO	2.13	3.52	11.86
Fe_2O_3	3.16	2.89	80.09
P_2O_5	21.85	1.41	0.1

表 5-7 碱度 1.5 B-2 实验炉渣 EDS 分析结果 （质量分数/%）

成分	富磷相	基体相	富铁相
CaO	53.97	42.62	0.42
SiO_2	17.85	36.54	0.53
MgO	0.85	13.6	8.28
MnO	2.89	2.47	8.68
Fe_2O_3	3.45	3.32	81.79
P_2O_5	20.99	1.45	0.3

表 5-8 碱度 1.5 B-3 实验炉渣 EDS 分析结果 （质量分数/%）

成分	富磷相	基体相	富铁相
CaO	52.91	40	0.73
SiO_2	15.94	35.84	0.56
MgO	2.02	17.79	8.48

续表 5-8

成分	富磷相	基体相	富铁相
MnO	2.39	2.59	10.2
Fe_2O_3	5.19	2.26	79.62
P_2O_5	21.55	1.51	0.41

5.3.3 碱度 2.0 脱磷渣中磷的赋存形式

图 5-14 为碱度 2.0 实验炉渣背散射电镜照片，图 5-15 为碱度 2.0 实验炉渣 XRD 物相分析结果，图 5-16 为背散射电镜照片 C-1 对应面扫描照片，表 5-9～

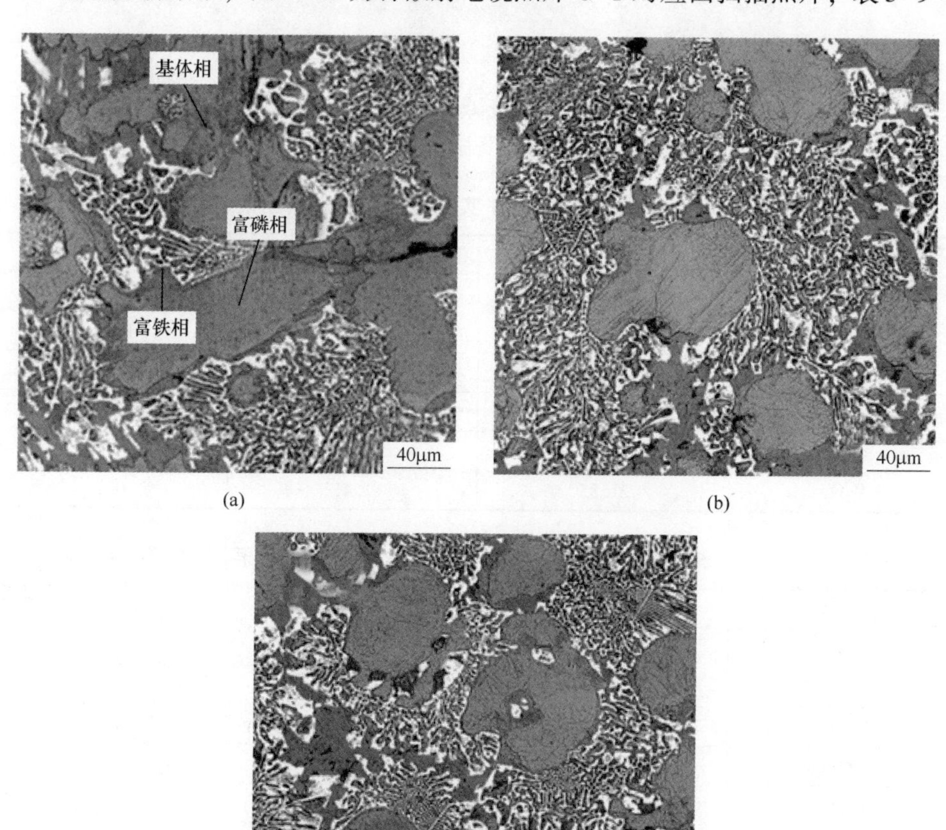

图 5-14 碱度 2.0 实验炉渣背散射电镜照片
(a) C-1；(b) C-2；(c) C-3

表 5-11 为碱度 2.0 C-1 ~ C-3 实验炉渣 EDS 分析结果。由以上照片及检测结果可知：碱度 2.0 实验渣同样是由灰色的基体相、浅白色的富磷相及白色的富铁相三相组成。其中，基体相主要由 $Ca_3MgSi_2O_8$ 相及 $Ca_2Fe_2O_5$ 相组成，另外还含有少量的磷和铁；渣中的磷主要以 $2CaO \cdot SiO_2$-$3CaO \cdot P_2O_5$ 固溶体形式存在于富磷相中；渣中的铁主要存在于富铁相中，富铁相在电镜照片中为白色，主要是铁氧化物或铁锰混合氧化物，热态实验结果与 FactSage 7.0 计算结果基本相同。

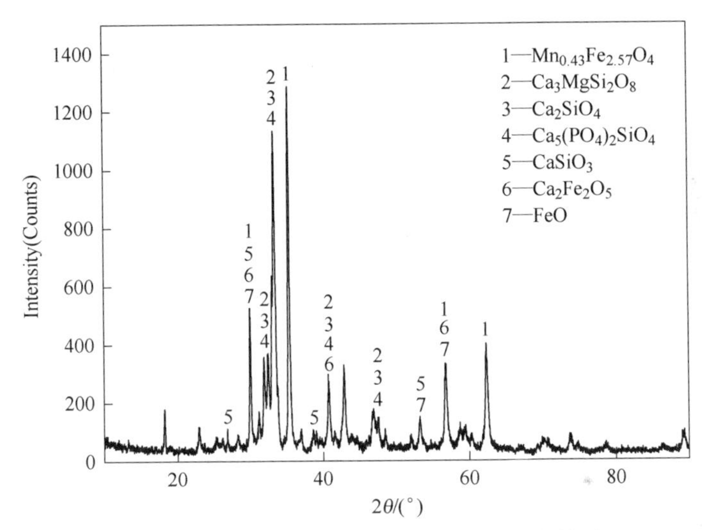

图 5-15 碱度 2.0 实验炉渣 XRD 物相分析结果

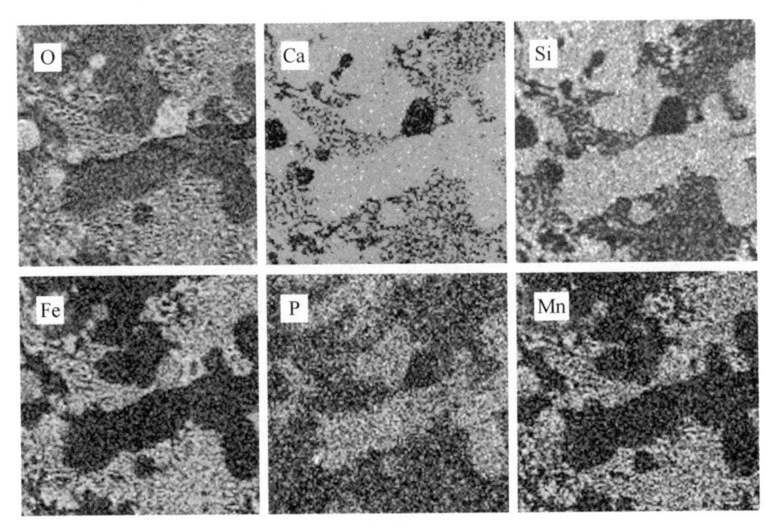

图 5-16 背散射电镜照片 C-1 对应面扫描照片

表 5-9 碱度 2.0 C-1 实验炉渣 EDS 分析结果 （质量分数/%）

成分	富磷相	基体相	富铁相
CaO	54.52	49.46	1.27
SiO_2	22.61	34.05	0
MgO	0.79	8.6	10.79
MnO	3.18	3.42	10.67
Fe_2O_3	2.42	2.89	77.27
P_2O_5	16.48	1.58	0

表 5-10 碱度 2.0 C-2 实验炉渣 EDS 分析结果 （质量分数/%）

成分	富磷相	基体相	富铁相
CaO	53.97	48.97	0.48
SiO_2	22.18	33.57	0.24
MgO	1.82	9.66	11.12
MnO	2.22	2.65	10.31
Fe_2O_3	3.15	3.34	77.55
P_2O_5	16.66	1.81	0.3

表 5-11 碱度 2.0 C-3 实验炉渣 EDS 分析结果 （质量分数/%）

成分	富磷相	基体相	富铁相
CaO	54.22	48.25	2.3
SiO_2	22.12	33.61	0
MgO	0.79	10.79	9.82
MnO	2.78	2.89	11.46
Fe_2O_3	2.34	2.76	76.42
P_2O_5	17.75	1.7	0

5.3.4 碱度 2.5 脱磷渣中磷的赋存形式

图 5-17 为碱度 2.5 实验炉渣背散射电镜照片，图 5-18 为碱度 2.5 实验炉渣 XRD 物相分析结果，图 5-19 为背散射电镜照片 D-1 对应面扫描照片，表 5-12～表 5-14 为碱度 2.5 D-1～D-3 实验炉渣 EDS 分析结果。由以上照片及检测结果可知：碱度 2.5 实验渣同样是由灰色的基体相、浅白色的富磷相及白色的富铁相三相组成。其中，基体相主要由 $Ca_3MgSi_2O_8$ 相及 $Ca_2Fe_2O_5$ 相组成，另外还含有少量的磷和铁；渣中的磷主要以 $2CaO \cdot SiO_2$-$3CaO \cdot P_2O_5$ 固溶体形式存在于富磷相中；渣中的铁主要存在于富铁相中，富铁相在电镜照片中为白色，主要是铁氧化物或铁锰混合氧化物，热态实验结果与 FactSage 7.0 计算结果基本相同。

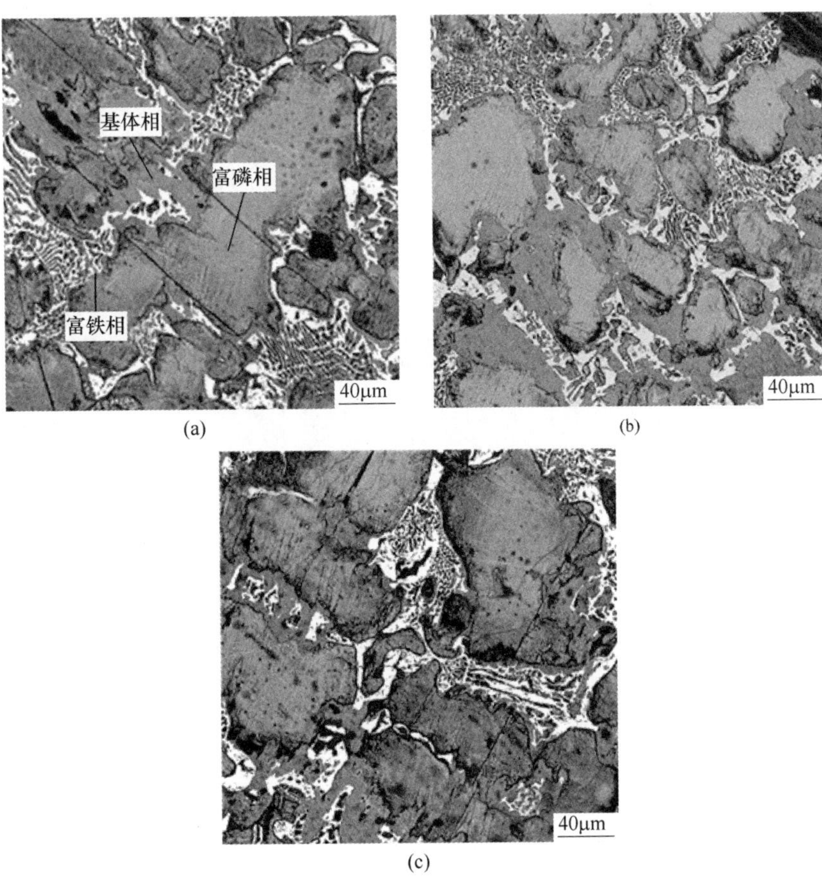

图 5-17 碱度 2.5 实验炉渣背散射电镜照片

(a) D-1；(b) D-2；(c) D-3

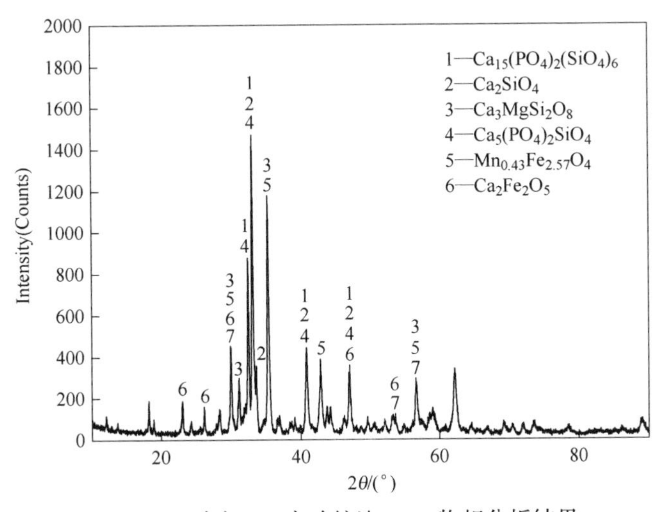

图 5-18 碱度 2.5 实验炉渣 XRD 物相分析结果

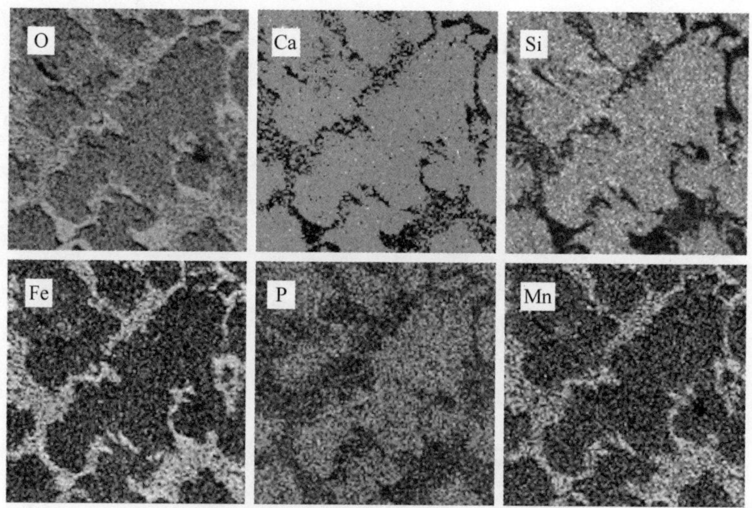

图 5-19 背散射电镜照片 D-1 对应面扫描照片

表 5-12 碱度 2.5 D-1 实验炉渣 EDS 分析结果 （质量分数/%）

成分	富磷相	基体相	富铁相
CaO	55. 57	51. 87	1. 27
SiO_2	25. 61	31. 05	0
MgO	2. 34	10. 6	10. 79
MnO	2. 88	2. 95	12. 37
Fe_2O_3	1. 12	1. 25	75. 27
P_2O_5	12. 48	2. 28	0. 3

表 5-13 碱度 2.5 D-2 实验炉渣 EDS 分析结果 （质量分数/%）

成分	富磷相	基体相	富铁相
CaO	55. 33	53. 16	0. 72
SiO_2	26. 18	30. 07	0. 25
MgO	1. 62	10. 41	11. 25
MnO	2. 12	2. 36	12. 61
Fe_2O_3	1. 57	1. 89	75. 17
P_2O_5	13. 18	2. 11	0

表 5-14 碱度 2.5 D-3 实验炉渣 EDS 分析结果 （质量分数/%）

成分	富磷相	基体相	富铁相
CaO	56. 12	52. 91	0. 51
SiO_2	24. 69	30. 14	0
MgO	2. 02	9. 79	11. 36

续表 5-14

成分	富磷相	基体相	富铁相
MnO	2.89	3.12	12.88
Fe_2O_3	1.56	1.89	75
P_2O_5	12.72	2.15	0.25

5.3.5 碱度对渣中磷的赋存形式的影响

图 5-20 为不同碱度实验炉渣背散射电镜照片，表 5-15 为对应实验炉渣 EDS 分析结果。结合前面的物相分析结果可见，炉渣 A 的主要硅酸盐析出相为 $CaO \cdot SiO_2$ 相；炉渣 B、C 的主要硅酸盐析出相为 $CaO \cdot SiO_2$ 和 $2CaO \cdot SiO_2$ 相；炉渣 D 的主要硅酸盐析出相为 $2CaO \cdot SiO_2$ 相。

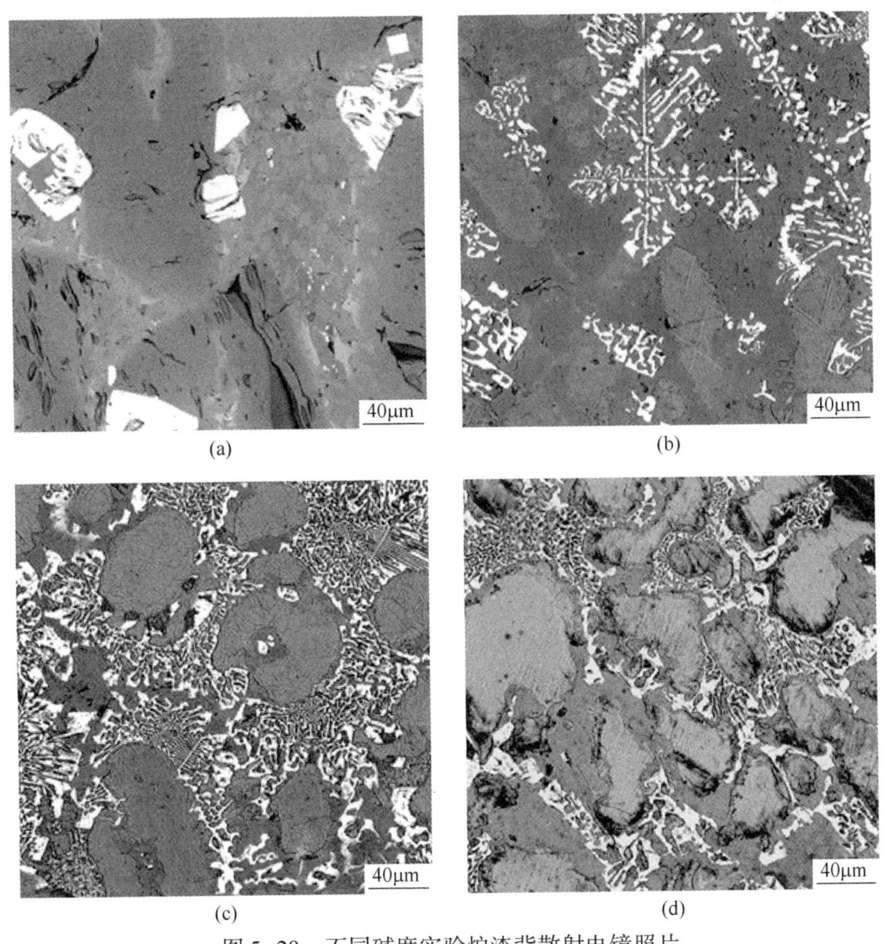

图 5-20 不同碱度实验炉渣背散射电镜照片
(a) A；(b) B；(c) C；(d) D

表 5-15 实验炉渣 EDS 分析结果 （质量分数/%）

编号	物相	CaO	SiO_2	MgO	MnO	Fe_2O_3	P_2O_5
A	富磷相	51.29	14.41	1.56	2.52	0.00	30.22
	基体相	29.32	39.01	21.12	4.36	4.26	1.93
	富铁相	0.54	0.59	9.54	7.37	81.62	0.34
B	富磷相	54.63	17.53	0.70	2.13	3.16	21.85
	基体相	41.69	35.25	15.24	3.52	2.89	1.41
	富铁相	0.28	0.37	7.30	11.86	80.09	0.10
C	富磷相	54.22	22.12	0.79	2.78	2.34	17.75
	基体相	48.25	33.61	10.79	2.89	2.76	1.70
	富铁相	2.30	0.00	9.82	11.46	76.42	0.00
D	富磷相	55.33	26.18	1.62	2.12	1.57	13.18
	基体相	53.16	30.07	10.41	2.36	1.89	2.11
	富铁相	0.72	0.25	11.25	12.61	75.17	0.00

碱度 2.5 的实验炉渣 D，在冷却过程中首先析出的硅酸盐物相是 $2CaO \cdot SiO_2$ 相，该物相能与 $3CaO \cdot P_2O_5$ 结合生成 C_2S-C_3P 固溶体，渣中的富磷相以 $2CaO \cdot SiO_2-3CaO \cdot P_2O_5$ 固溶体为主体，该富磷相粒径以 30～50μm 为主，同时少量粒径在 50～100μm，形态主要为棒状。由于 $2CaO \cdot SiO_2$ 相析出量多，且析出温度区间大，$3CaO \cdot P_2O_5$ 与其结合后 P_2O_5 含量（质量分数）不高，在 12%～14% 之间，同时导致 P_2O_5 含量（质量分数）在基体相中偏高，为 2%～4%。

碱度 2.0 的实验炉渣 C，由于碱度的降低，渣中 $2CaO \cdot SiO_2$ 析出量减少，同样 $2CaO \cdot SiO_2$ 与 $3CaO \cdot P_2O_5$ 结合生成 $2CaO \cdot SiO_2-3CaO \cdot P_2O_5$ 固溶体，$2CaO \cdot SiO_2$ 析出量的减少导致了富磷相中 P_2O_5 含量（质量分数）的增加，在 17%～19% 之间，富磷相的粒径以 40～60μm 为主，同时少量粒径在 80～150μm，富磷相粒径尺寸相比实验炉渣 D 更大。

碱度 1.5 的实验炉渣 B，由于碱度进一步的降低，渣中 $2CaO \cdot SiO_2$ 析出量更少，同样 $2CaO \cdot SiO_2$ 与 $3CaO \cdot P_2O_5$ 结合生成 $2CaO \cdot SiO_2-3CaO \cdot P_2O_5$ 固溶体，$2CaO \cdot SiO_2$ 析出量的减少导致了富磷相中 P_2O_5 含量（质量分数）的增加，在 20%～23% 之间，富磷相的粒径以 40～60μm 为主，富磷相粒径尺寸与实验炉渣 C 相当。

当碱度降低到 1.0 的实验炉渣 A 时，由于碱度进一步的降低，渣中富磷相中 P_2O_5 含量虽然有所增加，但富磷相粒径小且析出数量少，并不利于磷的富集。

5.3.6 脱磷渣中磷分配行为

转炉钢液中的磷被氧化后进入渣中，通过炉渣排除钢液中，钢渣是钢中磷脱除的唯一载体，炉渣渣相间较高的磷分配比有利于炉渣脱磷。通过上述研究表明炉渣由基体相、富磷相及富铁相三相组成，渣中的磷主要以 $2CaO \cdot SiO_2-3CaO \cdot P_2O_5$ 固溶体形式存在于富磷相中，因此 $2CaO \cdot SiO_2-3CaO \cdot P_2O_5$ 固溶体中磷的富集对于转炉脱磷有重要影响。当炉渣碱度从2.5降低到2.0时，渣中富磷相粒径增长，同时富磷相中磷含量提高，因此有利于脱磷，碱度降低到1.5时，富磷相粒径变化不大，富磷相中磷含量也有提高，表明碱度1.5～2.0之间能够得到大尺寸富磷相，同时磷含量较高。当进一步降低碱度后，富磷相粒径明显减小，继续降低碱度并不利于脱磷。

图5-21为 $CaO-SiO_2-Fe_tO$ 三元渣中实验渣系成分。可见，实验炉渣A与实验炉渣B、C、D不同，实验炉渣A处于 $CaSiO_3$ 初生区，而实验炉渣B、C、D则处于 $2CaO \cdot SiO_2$ 初生区。热态实验也验证了实验炉渣A冷却后没有 $2CaO \cdot SiO_2$ 相生成，只检测到了 $CaSiO_3$ 相。$CaSiO_3$ 的大量生成不利于钢液脱磷，因此碱度1.0时不利于脱磷。而碱度2.5时，虽然有大量 $2CaO \cdot SiO_2$ 生成，但富磷相中磷含量低，不能充分发挥炉渣的脱磷能力。因此，综合以上分析，从炉渣物相的角度可以得出，适宜的炉渣脱磷碱度为1.5～2.0。

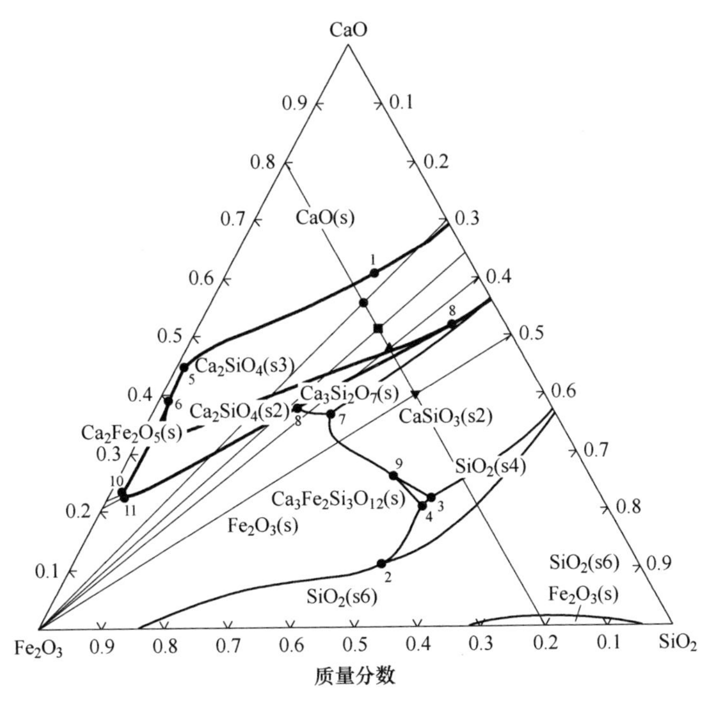

图5-21 $CaO-SiO_2-Fe_tO$ 三元渣中实验渣系成分

▼—碱度为1.0实验渣；▲—碱度为1.5实验渣；

■—碱度为2.0实验渣；●—碱度为2.5实验渣

5.4 Al_2O_3 改质对含磷转炉渣中磷富集行为的影响

5.4.1 Al_2O_3 改质对含磷转炉渣中磷富集行为

图 5-22～图 5-24 分别为表 5-2 中对应试样随炉冷却后的背散射电子图，表 5-16～表 5-18 为对应图 5-22～图 5-24 中试样各相成分的 EDS 结果，图 5-25 背散射电镜照片 G 对应面扫描照片，图 5-26～图 5-28 为对应各渣 XRD 结果。由图 5-22～图 5-24 及表 5-2 可知，渣中富磷相主要是以 $n2CaO \cdot SiO_2$-$3CaO \cdot P_2O_5$ 固溶体形式存在，其中含有少量的氟磷灰石（$Ca_5(PO_4)_3F$），基体相即液相，主要是由硅酸钙（$nCaO \cdot SiO_2$）组成，液相中还含有部分铁和磷，白色 RO 相主要是以铁氧化物、铁锰氧化物或镁铁氧化物（$MgFe_2O_4$）形式存在，渣中铁主要存在于此相中。

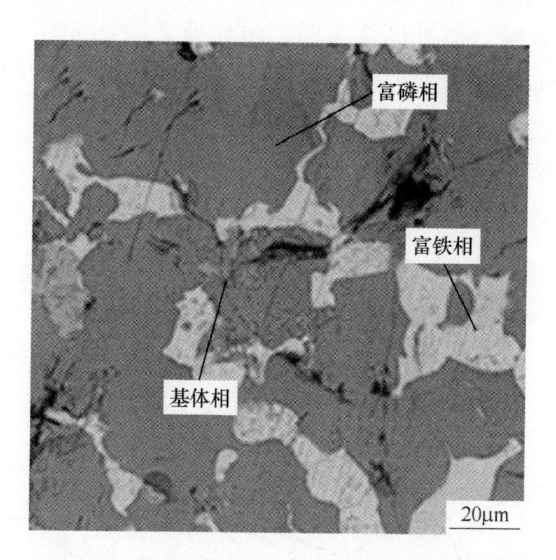

图 5-22 Al_2O_3 质量分数 1% 实验炉渣 E 背散射电镜照片

表 5-16 E 实验渣主要相 EDS 结果 （质量分数/%）

成分	富磷相	富铁相	基体相
CaO	67.64	0.7	66
SiO_2	16.5	0.41	19.24
MgO	—	21.37	—
MnO	—	10.91	1.09
Fe_2O_3	2.53	66.36	4.76
P_2O_5	13.23	—	8.87
Al_2O_3	—	—	—

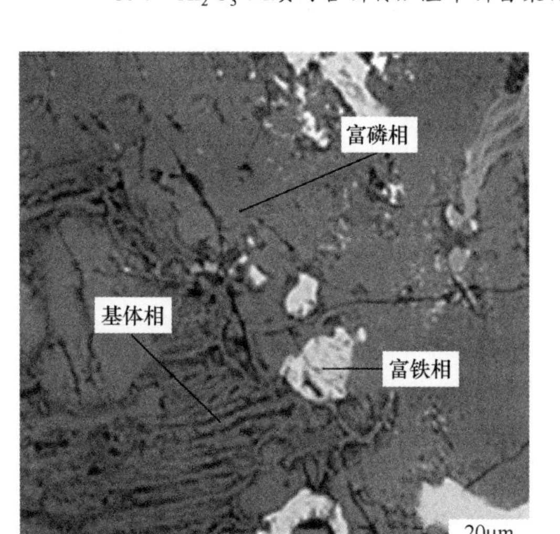

图 5-23 Al_2O_3 质量分数 10% 实验炉渣 F 背散射电镜照片

表 5-17 F 实验渣主要相 EDS 结果 (质量分数/%)

成分	富磷相	富铁相	基体相
CaO	62.01	0.85	24.99
SiO_2	12.31	0.35	12.26
MgO	—	10.47	8.56
MnO	—	13.1	3.94
Fe_2O_3	0.42	75.23	18.58
P_2O_5	24.02	—	4.89
Al_2O_3	—	—	26.78

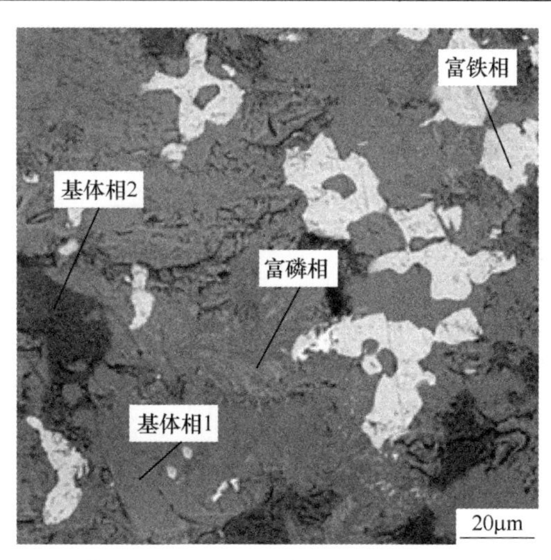

图 5-24 Al_2O_3 质量分数 15% 实验炉渣 G 背散射电镜照片

表 5-18 G 实验渣主要相 EDS 结果 （质量分数/%）

成分	富磷相	富铁相	基体相 1	基体相 2
CaO	59.39	—	—	37.01
SiO_2	9.24	—	—	17.31
MgO	—	12.58	20.53	5.45
MnO	—	11.89	2.35	—
Fe_2O_3	1.05	75.52	13.26	14.47
P_2O_5	27.5	—	—	5.21
Al_2O_3	9.24	—	—	17.31

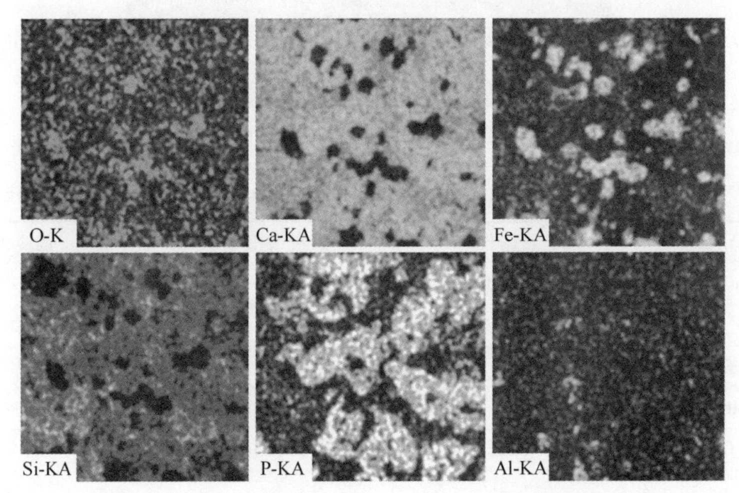

图 5-25 背散射电镜照片 G 对应面扫描照片

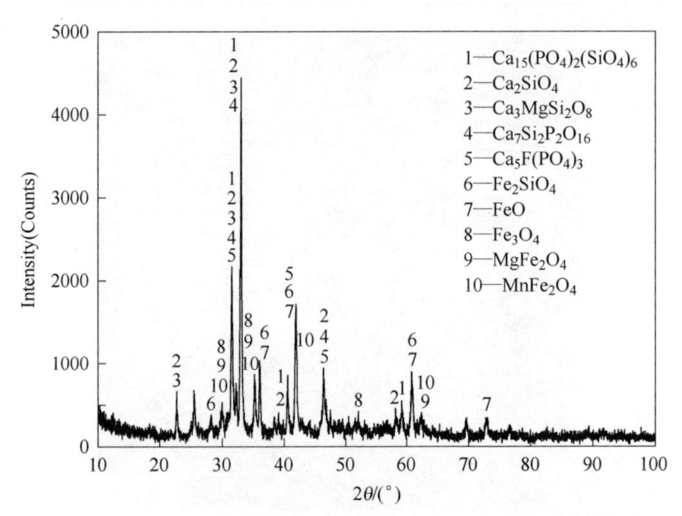

图 5-26 Al_2O_3 质量分数 1% 实验炉渣 XRD 物相分析结果

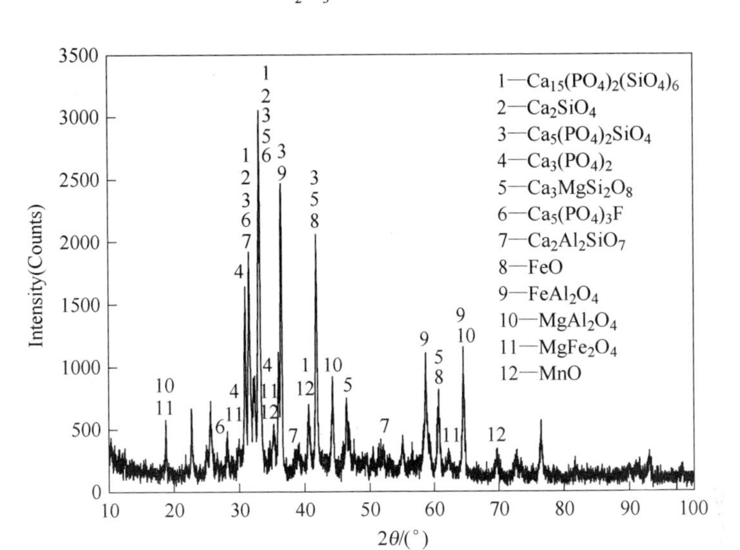

图 5-27 Al_2O_3 质量分数 10% 实验炉渣 XRD 物相分析结果

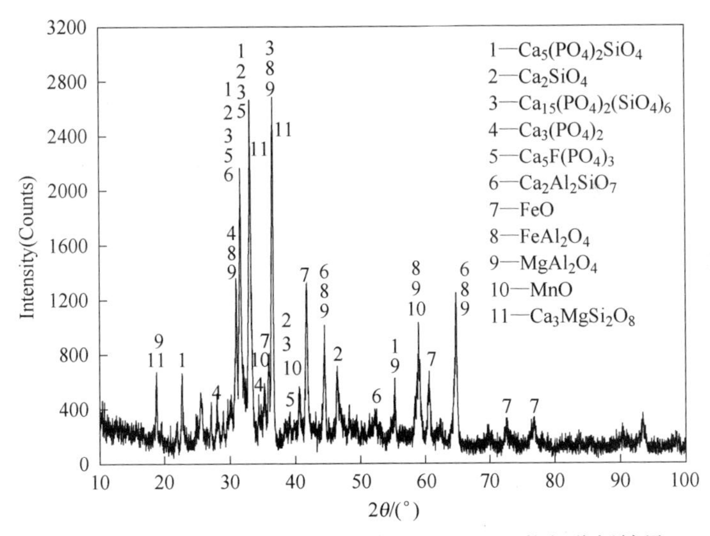

图 5-28 Al_2O_3 质量分数 15% 实验炉渣 XRD 物相分析结果

实验渣 F 中加入 Al_2O_3 至 10% 后，与实验渣 E 相比，富磷相主要是以 $n2CaO \cdot SiO_2-3CaO \cdot P_2O_5$ 固溶体形式存在，但 $n2CaO \cdot SiO_2-3CaO \cdot P_2O_5$ 固溶体中硅酸钙（$nCaO \cdot SiO_2$）比例明显较低，且磷含量较原渣明显增加，同时固溶体相含有少量的氟磷灰石［$Ca_5(PO_4)_3F$］，液相中出现新相钙铝黄长石（$Ca_2Al_2SiO_7$）和铁铝氧化物（$FeAl_2O_4$），呈网状结构，白色 RO 相主要是以铁氧化物、锰氧化物或镁铁氧化物（$MgFe_2O_4$）形式存在；与试样 F 相比，试样 G 中 Al_2O_3 提高至 15% 后，富磷相中 SiO_2 含量进一步减少，P_2O_5 含量小幅提高，同时基体相中出现大量深黑色

$MgAl_2O_4$ 相，白色 RO 相主要为铁、锰及镁的氧化物。

从以上分析结果可知，含磷转炉渣中 $n2CaO \cdot SiO_2-3CaO \cdot P_2O_5$ 固溶体相是主要的富磷相，且渣中 Al_2O_3 含量对 $n2CaO \cdot SiO_2-3CaO \cdot P_2O_5$ 固溶体相生成及该相中磷的富集品位有重要影响。实验渣 E 中富磷相 P_2O_5 含量（质量分数）较低，仅为 13% ~15%，基体相中也有 7% ~9% 的 P_2O_5 含量（质量分数）；而改性后实验渣 F 中富磷相 P_2O_5 含量（质量分数）增加到 24% ~26%，改性后实验渣 G 中富磷相 P_2O_5 含量（质量分数）进一步增加到 27% ~29%。这是由于随着渣中 Al_2O_3 含量的增加，先期析出的 $n2CaO \cdot SiO_2-3CaO \cdot P_2O_5$ 固溶体与 Al_2O_3 不断反应生成钙铝黄长石相，使先期析出的 $n2CaO \cdot SiO_2-3CaO \cdot P_2O_5$ 固溶体中 $2CaO \cdot SiO_2$ 成分不断迁移至钙铝黄长石相中，造成新析出 $n2CaO \cdot SiO_2-3CaO \cdot P_2O_5$ 固溶体磷浓度增加，随着渣中 Al_2O_3 含量进一步增加直至过量，析出的 $n2CaO \cdot SiO_2-3CaO \cdot P_2O_5$ 固溶体进一步与 Al_2O_3 反应，先期析出 $n2CaO \cdot SiO_2-3CaO \cdot P_2O_5$ 固溶体中 $2CaO \cdot SiO_2$ 成分进一步迁移至钙铝黄长石相中，先期析出低磷 $n2CaO \cdot SiO_2-3CaO \cdot P_2O_5$ 固溶体减少直至消失，生成高磷 $n2CaO \cdot SiO_2-3CaO \cdot P_2O_5$ 固溶体。

因此，渣中加入 Al_2O_3 改性剂适量，有利于磷在 $n2CaO \cdot SiO_2-3CaO \cdot P_2O_5$ 固溶体中高浓度富集。

5.4.2 Al_2O_3 改质对富磷相生成的影响热力学分析

5.4.2.1 Al_2O_3 改质对 $n2CaO \cdot SiO_2-3CaO \cdot P_2O_5$ 固溶体生成的影响

渣中 Ca、Si、P 和 O 等元素，经过 Al_2O_3 改性后，其在降温过程中以 C_2S-C_3P 固溶体的形式析出，生成渣中富磷相中 $2CaO \cdot SiO_2-3CaO \cdot P_2O_5$ 固溶体的反应式如下：

$$2CaO + SiO_2 = Ca_2SiO_4 \tag{5-1}$$

$$K_1 = \frac{a_{2CaO \cdot SiO_2}}{a_{CaO}^2 \cdot a_{SiO_2}} \tag{5-2}$$

$$2nCaO + nSiO_2 + 3CaO \cdot P_2O_5 = n2CaO \cdot SiO_2 - 3CaO \cdot P_2O_5 \tag{5-3}$$

$$K_2 = \frac{a_{n2CaO \cdot SiO_2-3CaO \cdot P_2O_5}}{a_{CaO}^{2n} \cdot a_{SiO_2}^{n} \cdot a_{3CaO \cdot P_2O_5}} \tag{5-4}$$

式中 a_{SiO_2}——SiO_2 活度，无量纲；

a_{CaO}——CaO 活度，无量纲；

$a_{2CaO \cdot SiO_2}$——$2CaO \cdot SiO_2$ 活度，无量纲；

$a_{3CaO \cdot P_2O_5}$——$3CaO \cdot P_2O_5$ 活度，无量纲；

$a_{n2CaO \cdot SiO_2-3CaO \cdot P_2O_5}$——$n2CaO \cdot SiO_2-3CaO \cdot P_2O_5$ 活度，取 1，无量纲；

K_1——反应式（5-1）的平衡常数，无量纲；

K_2——反应式（5-3）的平衡常数，无量纲。

显然，反应式（5-1）中 $a^2_{CaO} \cdot a_{SiO_2}$ 决定着含磷固溶体（$n2CaO \cdot SiO_2$-$3CaO \cdot P_2O_5$）生成的热力学趋势与平衡的量，由式（5-4）可知，熔渣中 Al_2O_3 对含磷固溶体（$n2CaO \cdot SiO_2-3CaO \cdot P_2O_5$）生成的影响可归结为对$a^2_{CaO} \cdot a_{SiO_2}$ 的影响行为。

当温度降低到 1723K 时，Ca_2SiO_4 从熔渣中大量析出，Ca_2SiO_4 与渣中 $Ca_3(PO_4)_2$ 结合形成 C_2S-C_3P 固溶体，利用 FactSage7.0 中 Fact 和 FToxid 数据库计算出在 1723K 时 Al_2O_3 改质后部分氧化物活度随 Al_2O_3 含量变化曲线如图 5-29 所示。由图可见，$a_{2CaO \cdot SiO_2}/(a^2_{CaO} \cdot a_{SiO_2})$、$a_{3CaO \cdot P_2O_5}$ 随着 Al_2O_3 含量的变化曲线平行于横轴，即 Al_2O_3 含量对活度积 $a_{2CaO \cdot SiO_2}/(a^2_{CaO} \cdot a_{SiO_2})$、$a_{3CaO \cdot P_2O_5}$ 的影响不明显，且 $3CaO \cdot P_2O_5$ 活度及 $2CaO \cdot SiO_2$ 相析出生成的热力学趋势不受 Al_2O_3 含量增加的影响，同时 $2CaO \cdot SiO_2$ 相生成量有所减少，原因是 $a_{2CaO \cdot SiO_2}$ 的减少；随着渣中 Al_2O_3 含量的增大，a_{SiO_2} 有所增大，a_{CaO}、$a_{2CaO \cdot SiO_2}$ 和 $a^2_{CaO} \cdot a_{SiO_2}$ 有所减小，其中渣中 Al_2O_3 含量（质量分数）由 1.09% 到 15%，$a^2_{CaO} \cdot a_{SiO_2}$ 无明显减少，降幅小于 40%，且反应式（5-3）的吉布斯自由能几乎保持不变，$n2CaO \cdot SiO_2$-$3CaO \cdot P_2O_5$ 固溶体的先期析出不受 Al_2O_3 含量的增加的影响，即析出量变化不明显，当渣中 Al_2O_3 含量（质量分数）由 15% 提高到 20% 时，$a_{2CaO \cdot SiO_2}$ 和 $a^2_{CaO} \cdot a_{SiO_2}$ 有明显降低，降幅在 40%~80% 之间，相应的反应式（5-3）大幅度变化，渣中 $2CaO \cdot SiO_2$ 析出量将显著降低，从而使 $n2CaO \cdot SiO_2$-$3CaO \cdot P_2O_5$ 固溶体先期析出量减少（n 值减少，甚至为 0）。

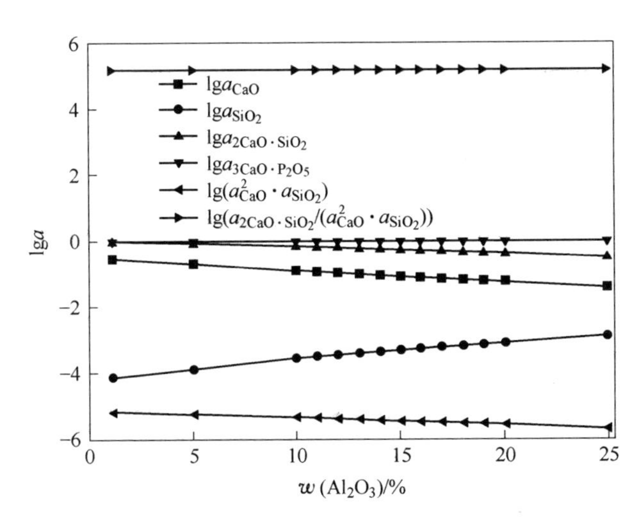

图 5-29　1723K 时渣中部分氧化物活度随渣中 Al_2O_3 含量的变化曲线

5.4.2.2 Al_2O_3 改质对 $n2CaO \cdot SiO_2-3CaO \cdot P_2O_5$ 固溶体中磷富集的影响

熔渣温度继续降低到1623K时，$n2CaO \cdot SiO_2-3CaO \cdot P_2O_5$ 固溶体将与 Al_2O_3 反应，其产物为磷含量更高的 $n'2CaO \cdot SiO_2-3CaO \cdot P_2O_5$ 固溶体（$n'<n$）和钙铝黄长石（$Ca_2Al_2SiO_7$），生成析出反应如下：

$$m2CaO \cdot SiO_2 - 3CaO \cdot P_2O_5 + nAl_2O_3 = nCa_2Al_2SiO_7 + y2CaO \cdot SiO_2 - 3CaO \cdot P_2O_5 \tag{5-5}$$

$$K_3 = \frac{a_{y2CaO \cdot SiO_2-3CaO \cdot P_2O_5} \cdot a^n_{Ca_2Al_2SiO_7}}{a_{m2CaO \cdot SiO_2-3CaO \cdot P_2O_5} \cdot a^n_{Al_2O_3}} \tag{5-6}$$

式中　$y=m-n$；

$a_{Al_2O_3}$——Al_2O_3 的活度，无量纲；

$a_{Ca_2Al_2SiO_7}$——$Ca_2Al_2SiO_7$ 的活度，无量纲；

$a_{m2CaO \cdot SiO_2-3CaO \cdot P_2O_5}$——$m2CaO \cdot SiO_2-3CaO \cdot P_2O_5$ 的活度，取值1，无量纲；

$a_{y2CaO \cdot SiO_2-3CaO \cdot P_2O_5}$——$y2CaO \cdot SiO_2-3CaO \cdot P_2O_5$ 的活度，取值1，无量纲。

由式（5-5）和式（5-6）可见，$a_{Ca_2Al_2SiO_7}/a_{Al_2O_3}$ 活度积的增大将导致钙铝黄长石（$Ca_2Al_2SiO_7$）体及含磷固溶体的生成热力学的增加，1623K时 Al_2O_3 改质后部分氧化物活度随 Al_2O_3 含量变化曲线如图5-30所示。由图5-30可见，当渣中 Al_2O_3 含量增加时，其 Al_2O_3 活度也随之增大，钙铝黄长石（$Ca_2Al_2SiO_7$）活度也增大，渣中 Al_2O_3 含量（质量分数）超过17%后，$a_{Ca_2Al_2SiO_7}$ 为1，且 $a_{Ca_2Al_2SiO_7}/a_{Al_2O_3}$ 随之降低，因而反应式（5-5）正向进行的热力学趋势增加，此时高磷固溶体逐渐取代先期析出的低磷固溶体，反应平衡向着有利于钙铝黄长石（$Ca_2Al_2SiO_7$）及高磷固溶体生成的方向进行，这也是随着 Al_2O_3 含量增加，渣中钙铝黄长石生成量逐渐增大及先期析出的 $n2CaO \cdot SiO_2-3CaO \cdot P_2O_5$ 固溶体相逐渐减小的原因。

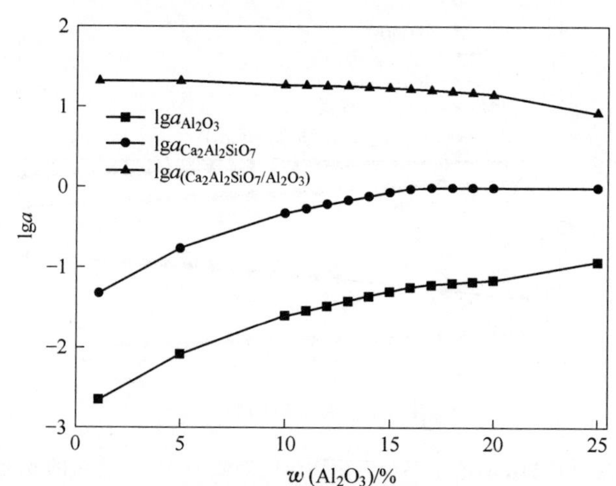

图5-30　1623K时渣中部分氧化物活度随渣中 Al_2O_3 含量的变化曲线

另外，当渣中 Al_2O_3 含量达到一定的数值时，Al_2O_3 会继续与上述含磷固溶体（$y2CaO \cdot SiO_2-3CaO \cdot P_2O_5$）反应，其产物是含磷更高的高磷固溶体（$y-x$）$2CaO \cdot SiO_2-3CaO \cdot P_2O_5$，前期析出的 $2CaO \cdot SiO_2-3CaO \cdot P_2O_5$ 固溶体会因耗尽而消失。

$$y2CaO \cdot SiO_2 - 3CaO \cdot P_2O_5 + xAl_2O_3 = xCa_2Al_2SiO_7 + (y-x)2CaO \cdot SiO_2 - 3CaO \cdot P_2O_5 \qquad (5-7)$$

$$\Delta G_7 = \Delta G_7^{\circ} + RT\ln \frac{a_{(y-x)2CaO \cdot SiO_2-3CaO \cdot P_2O_5} \cdot a^x_{Ca_2Al_2SiO_7}}{a_{2CaO \cdot SiO_2-3CaO \cdot P_2O_5} \cdot a^x_{Al_2O_3}} \qquad (5-8)$$

式中，$y>x$；$a_{(y-x)2CaO \cdot SiO_2-3CaO \cdot P_2O_5}$ 表示（$y-x$）$2CaO \cdot SiO_2-3CaO \cdot P_2O_5$ 的活度，取值 1，无量纲。

由于磷在某相中的富集含量由 $Ca_3(PO_4)_2 \cdot$（$y-x$）Ca_2SiO_4 的生成量决定，因此反应式（5-7）的活度积 $a_{Ca_2Al_2SiO_7}/a_{Al_2O_3}$ 对该反应的热力学趋势影响明显。当提高渣中 Al_2O_3 含量时，使得活度积 $a_{Ca_2Al_2SiO_7}/a_{Al_2O_3}$ 下降，驱动反应式（5-7）朝正向反应，不断消耗早期析出的低磷 $2CaO \cdot SiO_2-3CaO \cdot P_2O_5$ 固溶体中的 $2CaO \cdot SiO_2$，从而形成高磷的 $2CaO \cdot SiO_2-3CaO \cdot P_2O_5$ 固溶体，最终甚至形成 $3CaO \cdot P_2O_5$。随着渣中 Al_2O_3 含量的提高，此时与 Al_2O_3 共存的含磷固溶体（$2CaO \cdot SiO_2-3CaO \cdot P_2O_5$）相中 Ca 和 Si 组元含量会降低，从而使含磷固溶体中的磷含量增加，如表 5-18 中 EDS 检测结果所示。

综上所述：当渣中 Al_2O_3 含量（质量分数）小于 15% 时，经过 Al_2O_3 改性的含磷转炉渣，在其降低温度过程中，Al_2O_3 对含磷固溶体（$n2CaO \cdot SiO_2-3CaO \cdot P_2O_5$）相的先期析出行为影响不明显，当渣中 Al_2O_3 含量（质量分数）大于 15% 时，Al_2O_3 对含磷固溶体（$n2CaO \cdot SiO_2-3CaO \cdot P_2O_5$）相的先期析出行为有明显影响，表现为析出趋势下降，当温度降低到 1623K 时，渣中先期析出的低磷固溶体（$n2CaO \cdot SiO_2-3CaO \cdot P_2O_5$）与 Al_2O_3 反应生成磷含量更高的固溶体（$n'2CaO \cdot SiO_2-3CaO \cdot P_2O_5$）和钙铝黄长石（$Ca_2Al_2SiO_7$），并可导致先期析出的低磷固溶体（$n2CaO \cdot SiO_2-3CaO \cdot P_2O_5$）消失；当 Al_2O_3 含量进一步增加直至过量时，此时与 Al_2O_3 共存的含磷固溶体（$2CaO \cdot SiO_2-3CaO \cdot P_2O_5$）相中 Ca 和 Si 组元含量会降低，从而使含磷固溶体中的磷含量增加，富磷相中磷的品位也因此相应提高。

5.5 本章小结

本章小结如下：

（1）炉渣冷却时，渣中的磷都是以 $Ca_3(PO_4)_2$ 相的形式存在，炉渣碱度变化时，$\alpha-Ca_3(PO_4)_2$ 相转变为 $\beta-Ca_3(PO_4)_2$ 相的温度保持不变，都在 1100℃ 左右，且析出量相同。

(2) Ca_2SiO_4 相的析出受炉渣碱度的影响很大；当炉渣碱度为 1.0 时，渣中没有 Ca_2SiO_4 相析出，当碱度增加到 1.5 时，渣中出现 Ca_2SiO_4 相的析出，且 Ca_2SiO_4 相开始析出温度随炉渣碱度的增加而升高，析出温度区间及析出量同样随炉渣碱度的增加而扩大。

(3) 炉渣由基体相、富磷相及富铁相三相组成。其中，基体相主要由 $Ca_3MgSi_2O_8$ 相及 $Ca_2Fe_2O_5$ 相组成，另外还含有少量的磷和铁；渣中的磷主要以 C_2S-C_3P 固溶体形式存在于富磷相中；渣中的铁主要存在于富铁相中。

(4) 当炉渣碱度从 2.5 降低到 2.0 时，渣中富磷相粒径增长，同时富磷相中磷含量提高，因此有利于脱磷，碱度降低到 1.5 时，富磷相粒径变化不大，富磷相中磷含量也有提高，表明碱度 1.5 ~ 2.0 之间能够得到大尺寸富磷相，同时磷含量较高。当进一步降低碱度后，富磷相粒径明显减小，继续降低碱度并不利于脱磷。

(5) 实验炉渣 A 与实验炉渣 B、C、D 不同，实验炉渣 A 处于 $CaSiO_3$ 初生区，而实验炉渣 B、C、D 则处于 $2CaO \cdot SiO_2$ 初生区。$CaSiO_3$ 的大量生成不利于钢液脱磷，因此碱度为 1.0 时不利于脱磷。而碱度为 2.5 时，虽然有大量 $2CaO \cdot SiO_2$ 生成，但富磷相中磷含量低，不能充分发挥炉渣的脱磷能力，从炉渣物相的角度分析，适宜的炉渣脱磷碱度为 1.5 ~ 2.0。

(6) 经 Al_2O_3 改性的含磷转炉渣，在降温过程中，先期析出含磷固溶体（$n2CaO \cdot SiO_2-3CaO \cdot P_2O_5$）相，当温度降到 1623K 附近时，先期析出的低磷固溶体（$n2CaO \cdot SiO_2-3CaO \cdot P_2O_5$）与 Al_2O_3 反应生成高磷固溶体（$n'2CaO \cdot SiO_2-3CaO \cdot P_2O_5$）和钙铝黄长石（$Ca_2Al_2SiO_7$），由于钙铝黄长石相析出趋势占优，当 Al_2O_3 含量进一步增加直至过量时，此时与 Al_2O_3 共存的含磷固溶体（$2CaO \cdot SiO_2-3CaO \cdot P_2O_5$）相中 Ca 和 Si 组元含量会降低，从而使含磷固溶体中的磷含量增加，富磷相中磷的品位也因此相应提高。

6 留渣双渣工艺冶炼技术

留渣双渣工艺冶炼的关键技术难点是脱磷阶段结束脱磷和倒渣，前述研究表明：脱磷阶段结束倒渣时，倒渣量越多炉内剩余渣量越少，脱碳阶段氧气能更好地穿透渣层，氧气利用率增加，吹氧时间降低，控制脱磷阶段结束倒渣量是稳定吹氧时间的关键；吹炼过程中损失的金属，大部分进入渣中，TFe 含量越高表明进入渣中的金属越多，钢水收得率越低，控制渣中 TFe 含量对于降低钢铁料消耗尤为重要；而脱磷阶段脱磷率越高，脱碳阶段脱磷负担越轻，冶炼终点脱磷率越高，脱磷阶段应尽可能脱除更多的磷，为提高转炉冶炼终点脱磷率创造条件。

基于以上结论，本章通过在转炉进行留渣双渣生产试验，结合第 3 ~ 5 章的研究结果，对留渣双渣工艺做了以下技术优化：

(1) 在工业生产条件下统计了脱磷阶段结束倒渣时倒渣量的生产条件影响因素，针对相关分析结果优化生产参数，比较优化前后倒渣效果；

(2) 将留渣量选定为全留渣和部分留渣两种模式，比较两种留渣模式下连续留渣炉数；

(3) 分析了工业试验条件下脱磷及脱碳阶段脱磷的生产控制条件，验证了第 5 章热态实验研究结果。

6.1 脱磷阶段结束倒渣工艺优化

6.1.1 试验原料及方法

图 6-1 为原留渣双渣工艺典型渣料加入量及枪位控制图。如图 6-1 所示，冶炼开始后约加入石灰 2kg/t、白云石 10kg/t、铁矿石 2kg/t，生产中根据冶炼钢种、铁水初始条件等因素在一定范围内波动。脱磷阶段即将结束，准备倒渣前 0.5 ~ 1min 分批次加入铁矿石，由于铁矿石中含有大量的氧，有效加强了碳氧反应，促进形成体积更大的泡沫渣，图 6-1 中铁矿石加入量为 2kg/t，实际生产根据炉内泡沫渣状况，加入量在 0 ~ 10kg/t 范围内波动。倒渣结束后进入脱碳阶段吹炼，石灰、白云石、铁矿石加入量同样根据冶炼钢种、铁水初始条件等因素在一定范围内波动。

图 6-1 中脱磷阶段吹氧时间为 4.5min，生产中一般在 3 ~ 6min 范围内波动，图 6-1 中倒渣时间（脱磷阶段结束提枪停止吹氧至脱碳阶段下枪开始吹氧）为 5min，生产中一般在 3 ~ 7min 范围内波动，图 6-1 中脱碳阶段吹炼时间为

10.5min，生产中一般在10～13min范围内波动。

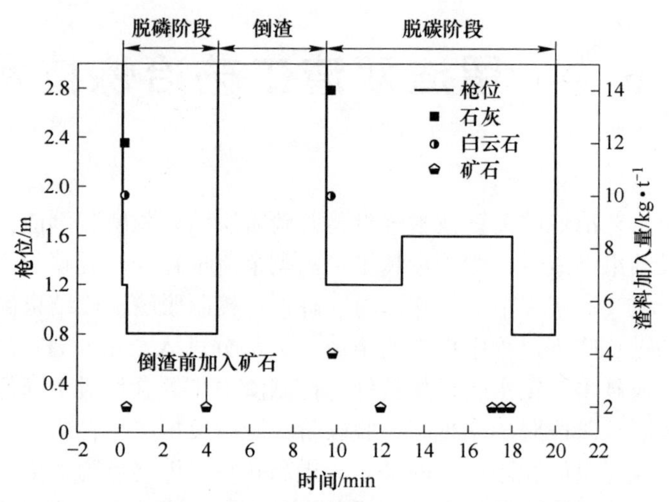

图6-1 原留渣双渣工艺典型渣料加入量及枪位控制图

通过工艺优化比较优化前后脱磷阶段结束倒渣量，为减少原料条件对数据分析的干扰，选取铁水、废钢等炼钢原料相近的炉次，其中优化前后各统计31炉和30炉，见表6-1。

表6-1 分析炉次铁水、废钢条件

铁水主要成分（质量分数）/%				铁水温度/℃	废钢量/t
C	Si	P	Mn		
4.2～4.7	0.4～0.6	0.13～0.16	0.15～0.30	1280～1350	6～8

6.1.2 倒渣量影响因素分析

6.1.2.1 白云石加入量对倒渣量的影响

图6-2为统计炉次倒渣量随白云石加入量变化趋势图。可见，当白云石加入量增加时，倒渣量呈下降趋势。当白云石加入量分别为不大于12kg/t、12～20kg/t、不小于20kg/t时，平均倒渣量分别为55kg/t、52.4kg/t、48kg/t。

众所周知，转炉加入白云石造渣的主要目的是控制渣中的MgO含量，提高溅渣护炉时炉渣的质量，减轻炉渣对镁碳砖的侵蚀。但白云石加入量增加导致渣中MgO含量增加，炉渣黏度增加，泡沫渣流动性降低，使得倒渣量减少。因此，减少白云石加入量提高泡沫渣流动性能增加倒渣量，但减少白云石加入量必然使得炉渣对炉衬的侵蚀更严重，因此生产中白云石的加入量要保持在一个合理的水平。该厂将白云石的加入量减少到12kg/t，同时在生产间隙增加了一些补炉手

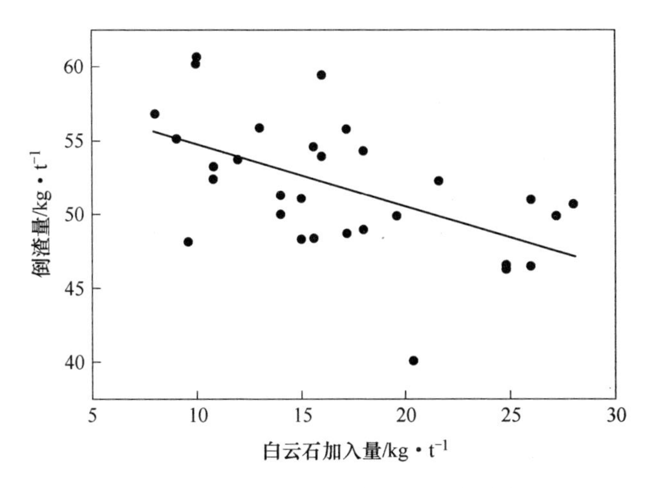

图 6-2 倒渣量随白云石加入量变化趋势图

段，将炉衬的侵蚀速度控制在一个合理的水平。

6.1.2.2 矿石加入量对倒渣量的影响

图 6-3 为倒渣量与矿石加入量关系图，总体上矿石加入量增加，倒渣量增加。由图 6-3 可见，不加入矿石时，获得的平均倒渣量为 46.9kg/t，倒渣量在 40 ~ 50kg/t 之间波动；当加入 2kg/t 矿石后，平均倒渣量增加到 51.4kg/t，倒渣量在 45 ~ 60kg/t 之间波动；当矿石加入量为 4 ~ 6kg/t 时，倒渣量继续增加，但当矿石加入量为超过 6kg/t 后，倒渣量增加不再明显，这可能是因为受碳传质的限制，炉内碳氧反应速率已达到极限。因此，该厂将倒渣前矿石加入量控制在 2 ~ 6kg/t。

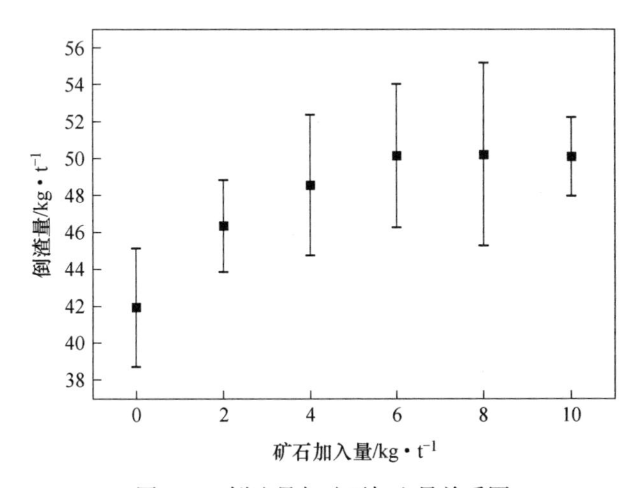

图 6-3 倒渣量与矿石加入量关系图

6.1.2.3 倒渣时间对倒渣量的影响

图6-4为倒渣量随倒渣时间变化趋势图，可见，当倒渣时间延长时，倒渣量呈减少趋势。当倒渣时间控制在不大于4min时，平均倒渣量为55.9kg/t，倒渣量在50～65kg/t之间波动；当倒渣时间在4～6min时，平均倒渣量为50.4kg/t，倒渣量在45～60kg/t之间波动；当倒渣时间不小于6min时，平均倒渣量为43.3kg/t，倒渣量在40～55kg/t之间波动。倒渣过程中，泡沫渣析液，渣液不断从上部流至底部，倒渣时间越长，析液越严重，倒渣量越少。因此，该厂留渣双渣工艺脱磷阶段结束倒渣时间要求控制在4min以内。

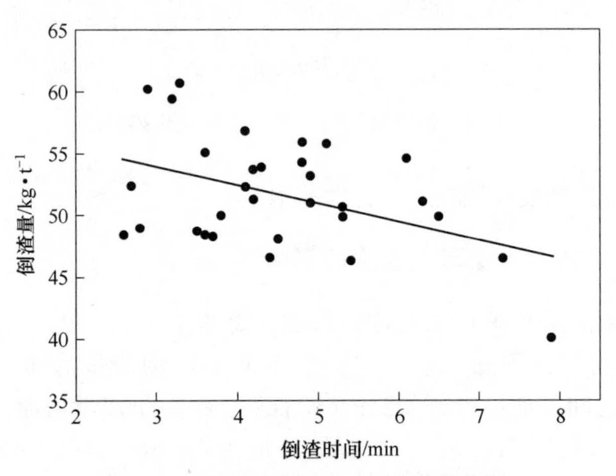

图6-4 倒渣量随倒渣时间变化趋势图

综合以上倒渣量的影响因素，获得更大倒渣量的控制条件为：

（1）将白云石的加入量减少到12kg/t，提高泡沫渣的流动性；

（2）控制合理的矿石加入量为2～6kg/t，促进碳氧反应，获得更大泡沫渣体积；

（3）快速倒渣减少泡沫渣析液，倒渣时间不超过4min。

6.1.3 倒渣工艺优化效果

图6-5为优化后留渣双渣工艺典型渣料加入量及枪位控制图，对比图6-1，主要优化措施为：

（1）白云石加入量固定为12kg/t，脱磷和脱碳阶段分别加入6kg/t；

（2）脱磷阶段末期矿石加入量控制在2～6kg/t；

（3）倒渣时间不超过4min。

图6-6为优化前后倒渣量分布图，图6-7为优化前后统计炉次平均倒渣量对比图。可见，优化后平均倒渣量为62.9kg/t，优化前平均倒渣量为50.8kg/t，优化后

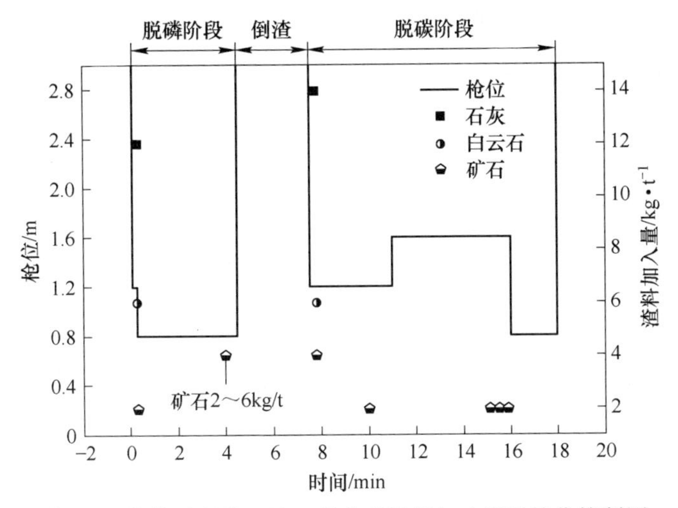

图 6-5 优化后留渣双渣工艺典型渣料加入量及枪位控制图

平均倒渣量显著增加了 12.1kg/t，优化前倒渣量主要分布区间为 45～55kg/t，占比 74.1%；而优化后主要分布区间为 55～65kg/t，占比 76.7%。

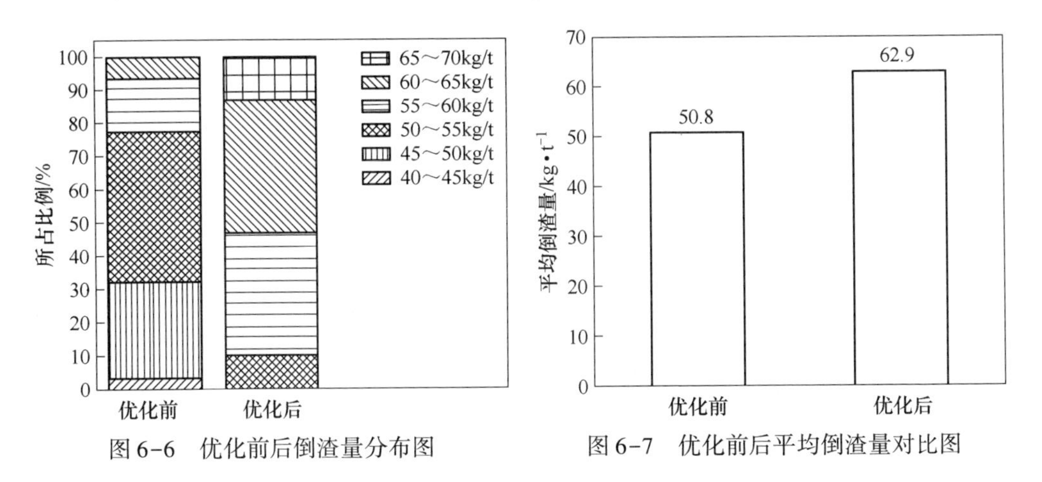

图 6-6 优化前后倒渣量分布图

图 6-7 优化前后平均倒渣量对比图

6.2 连续留渣炉数研究

6.2.1 试验原料及方法

炉内渣量逐炉累积是留渣双渣工艺无法连续生产的主要原因，为了减少炉内渣量，减轻倒渣时倒渣负担，将留渣量控制为部分留渣（上炉终点渣 30%～60% 留至下炉）和全留渣（上炉终点渣 100% 留至下炉），使用优化后留渣双渣工艺控制方案，两种留渣方式各冶炼 10 炉，其中部分留渣连续冶炼 10 炉，全留渣分两次各连续冶炼5炉。表6-2为试验炉次铁水、废钢的原料条件。

表6-2 试验炉次铁水、废钢条件

铁水主要成分（质量分数）/%				铁水温度/℃	废钢量/t
C	Si	P	Mn		
4.2~4.7	0.4~0.6	0.13~0.16	0.15~0.30	1230-1320	5-8

6.2.2 全留渣连续留渣

图6-8为试验炉次全留渣连续留渣每炉吹氧时间变化趋势图。可见，全留渣时两批次试验炉次吹氧时间逐炉增加，批次1吹氧时间由第1炉14.5min延长到第5炉的20.7min，增长42.8%，批次2吹氧时间由第1炉15.1min延长到第5炉的21.4min，增长39.7%。

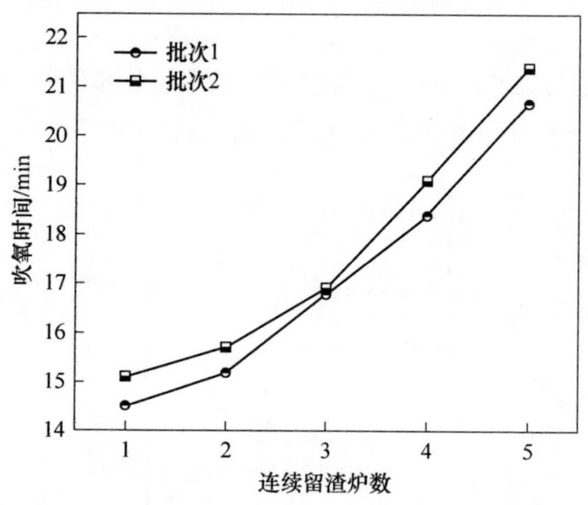

图6-8 全留渣连续留渣每炉吹氧时间变化趋势图

全留渣时，上炉终渣100%留至本炉使用，本炉渣量大，倒渣时倒渣负担重，使用优化后工艺虽然倒渣量增加，但仍然无法改变渣量逐炉增加的趋势，过多的渣量导致氧气利用率下降，吹氧时间延长，从图6-8可以看出，全留渣前2炉吹氧时间不超过16min，因此，如果留渣量为上炉100%终渣，连续留渣炉数应不超过2炉。

6.2.3 部分留渣连续留渣

图6-9为试验炉次部分留渣连续留渣每炉吹氧时间变化趋势图。可见，部分留渣时试验炉次吹氧时间在14~17min之间波动，其中大部分炉次吹氧时间集中在14.5~16min之间，吹氧时间虽然存在一定的波动，但没有明显增加的趋势。

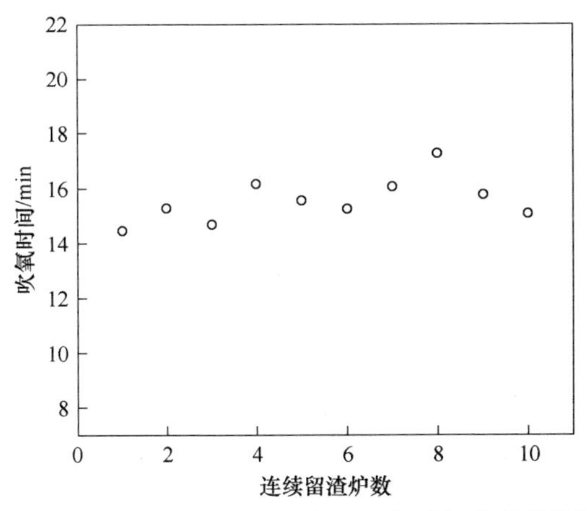

图6-9 部分留渣连续留渣每炉吹氧时间变化趋势图

部分留渣留渣量在上炉渣量的30%~60%，冶炼过程中操作工根据上炉吹氧时间的变化灵活调整下一炉的留渣量，避免了炉内渣量逐炉增加，由图6-9可见，试验炉次连续留渣10炉供氧时间无明显增加，部分留渣可实现不间断连续生产。

6.3 脱磷工艺控制条件分析

工业生产条件下，脱磷条件与实验室存在较大差压，有必要对热态实验研究结果进行验证。留渣双渣工艺的最终脱磷率由脱磷阶段和脱碳阶段共同决定，其中脱磷阶段能完成脱除大部分磷的任务，脱碳阶段脱除剩余磷含量的大部分，使钢水终点磷含量达到钢中冶炼需求。本节通过统计生产数据研究了工业生产条件下脱磷及脱碳阶段脱磷的有利生产条件，得出了脱磷及脱碳阶段的脱生产条件。

6.3.1 试验原料及方法

表6-3为试验炉次铁水、废钢等原料条件，表6-4为试验炉次取样方案，图6-10为试验炉次钢液测温偶头，使用生产用样勺蘸取渣样。

表6-3 试验炉次铁水、废钢条件

铁水主要成分（质量分数）/%				铁水温度/℃	废钢量/t
C	Si	P	Mn		
4.2~4.7	0.4~0.6	0.13~0.15	0.15~0.30	1250~1350	5~8

表6-4 试验炉次取样方案

炉号	Ⅰ		Ⅱ		Ⅲ	
	取样时刻	取样种类	取样时刻	取样种类	取样时刻	取样种类
1、2	吹氧0.5min	钢样	脱磷阶段结束	渣样、钢样	脱碳阶段结束	渣样、钢样

续表 6-4

炉号	Ⅰ		Ⅱ		Ⅲ	
	取样时刻	取样种类	取样时刻	取样种类	取样时刻	取样种类
3、4	吹氧 1min	钢样	脱磷阶段结束	渣样、钢样	脱碳阶段结束	渣样、钢样
5、6	吹氧 1. 5min	钢样	脱磷阶段结束	渣样、钢样	脱碳阶段结束	渣样、钢样
7、8	吹氧 2min	钢样	脱磷阶段结束	渣样、钢样	脱碳阶段结束	渣样、钢样
9、10	吹氧 2. 5min	钢样	脱磷阶段结束	渣样、钢样	脱碳阶段结束	渣样、钢样
11、12	吹氧 3min	钢样	脱磷阶段结束	渣样、钢样	脱碳阶段结束	渣样、钢样
13 ~ 25	—	—	脱磷阶段结束	渣样、钢样	脱碳阶段结束	渣样、钢样

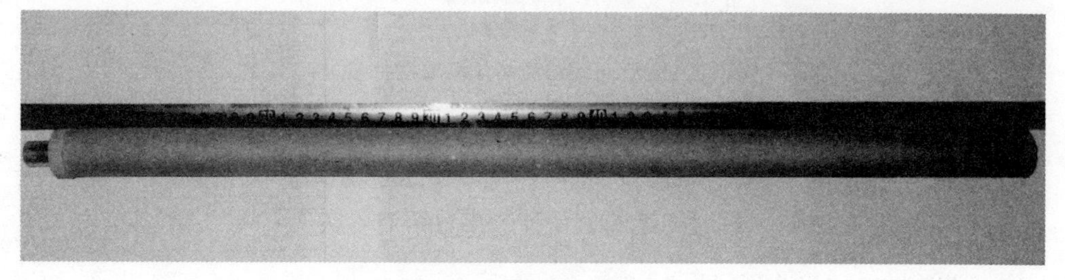

图 6-10　钢液测温偶头

将所取试样检测方法如下：

（1）钢样磷含量使用红外分析法检测；

（2）渣样成分使用荧光分析法（XRF）检测。

渣钢之间磷分配比计算公式如下：

$$\lg L_P = \lg(\%P_2O_5)/[\%P]^2 \tag{6-1}$$

式中　L_P——渣钢之间磷分配比；

$(\%P_2O_5)$——渣中 P_2O_5 含量（质量分数），%；

$[\%P]$——钢液磷含量（质量分数），%。

6.3.2　脱磷阶段控制条件

表 6-5 为试验炉次脱磷阶段钢样、脱磷渣检测数据，为研究吹氧时间对钢液脱磷的影响，前 12 炉在脱磷阶段不同时间及脱磷阶段结束取样，后 13 炉只在脱磷阶段结束取样。

表 6-5　试验炉次脱磷阶段生产及取样检测数据

炉号	脱磷渣主要成分（质量分数）/%						脱磷渣碱度	钢液磷含量（质量分数）/%		铁水磷含量（质量分数）/%	吹氧时间/min	温度/℃
	CaO	SiO_2	MgO	MnO	Fe_2O_3	P_2O_5		Ⅰ	Ⅱ			
1	36. 4	20. 6	6. 6	5	19. 3	4. 9	1. 77	0. 091	0. 029	0. 138	5. 4	1419

续表 6-5

炉号	脱磷渣主要成分（质量分数）/%						脱磷渣碱度	钢液磷含量(质量分数)/%		铁水磷含量（质量分数）/%	吹氧时间/min	温度/℃
	CaO	SiO_2	MgO	MnO	Fe_2O_3	P_2O_5		Ⅰ	Ⅱ			
2	32.6	18.1	7.7	5.4	25.3	3.7	1.8	0.102	0.033	0.137	5.2	1332
3	34.2	21.3	8.1	5	21.8	3.2	1.6	0.084	0.037	0.143	3.6	1458
4	31.8	19.5	5	5.7	27.7	3.8	1.63	0.069	0.025	0.143	3.5	1400
5	35.9	18.5	5.2	4.9	23.6	3.9	1.94	0.053	0.027	0.140	5.6	1449
6	37.2	21.2	5.3	6.1	18.9	4.3	1.75	0.057	0.032	0.144	4.6	1375
7	35.8	18.8	7.1	3.8	22.5	4.9	1.9	0.03	0.025	0.139	5.6	1386
8	34.8	20.7	3.9	6.1	24.4	4.2	1.68	0.044	0.025	0.138	5	1367
9	35.1	19.3	5	5.5	23.6	3.1	1.82	0.028	0.026	0.138	4.3	1311
10	35.9	23.2	6.5	4.3	17.6	5.3	1.55	0.046	0.036	0.137	4.9	1289
11	32.8	17.0	6.8	3.9	29.4	3.6	1.93	0.035	0.03	0.134	5.5	1393
12	42.4	22.9	4.4	4.6	13.9	4.7	1.85	0.037	0.034	0.134	5.5	1448
13	36.8	17.2	6.5	4.2	23.7	4.8	2.14	—	0.027	0.142	5.8	1377
14	37.9	19.4	4.1	2.9	25.3	4.6	1.95	—	0.023	0.143	4.2	1368
15	29.6	25.1	5.8	6.2	21.7	3.9	1.18	—	0.042	0.134	4	1437
16	34.2	19.0	5.8	3.4	26.9	4	1.8	—	0.03	0.150	4.7	1378
17	43.1	24.2	4.9	2.8	12.8	3.8	1.78	—	0.045	0.134	4.4	1354
18	42.0	18.1	5.3	4.1	18.2	4.4	2.32	—	0.028	0.143	4.9	1354
19	34.1	23.4	5.6	6	19.4	3.7	1.46	—	0.04	0.136	4.7	1422
20	28.6	17.8	6.6	4.5	31.2	4.1	1.61	—	0.027	0.148	4.8	1357
21	33.6	15.8	6.9	5.3	26	4.3	2.13	—	0.034	0.142	4.2	1380
22	38.2	20.3	7.4	7.3	16	4.3	1.88	—	0.038	0.138	3.9	1327
23	42.3	22.3	6.3	4.9	14.6	2.8	1.9	—	0.044	0.143	4.4	1352
24	32.2	23.6	4.6	4.4	23.3	3.4	1.36	—	0.031	0.145	3.8	1368
25	31.3	15.7	6.7	5.6	28.5	3.6	1.99	—	0.037	0.149	5.1	1383

6.3.2.1 吹氧时间控制

由于转炉脱磷是氧化法脱磷，吹氧时间直接决定了钢液中磷的氧化量。留渣双渣工艺吹氧时间过长，钢液温度过高，不利于脱磷，吹氧时间过短，钢液中的磷未被充分氧化而不能有效去除。

图6-11 为脱磷阶段吹氧时间对脱磷率的影响，图6-12 为脱磷阶段吹氧时间对钢液磷含量的影响。可见，吹氧前 2min，钢液脱磷速率快，钢液磷含量下降

趋势明显，此时钢液中磷含量（质量分数）已低于0.05%，钢液脱磷率超过60%。吹氧2min以后，钢液脱磷速率明显下降，但仍然能脱磷，吹氧4min以后磷含量下降趋势不再明显。

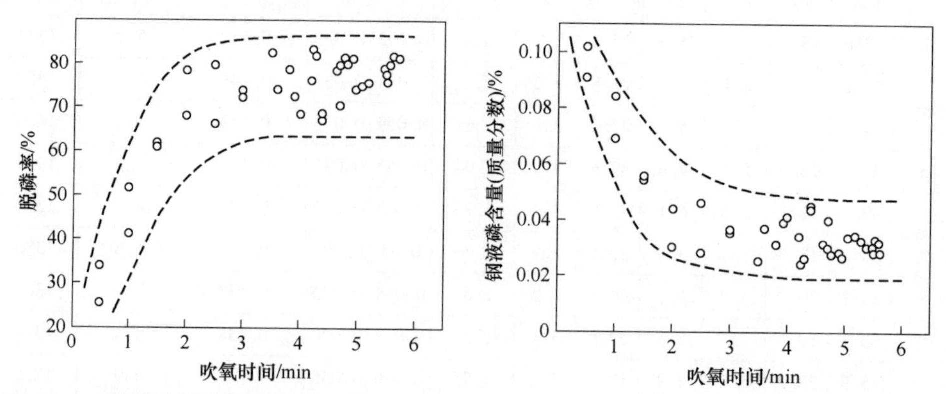

图6-11 脱磷阶段吹氧时间对脱磷率的影响 图6-12 脱磷阶段吹氧时间对［%P］的影响

因此，脱磷阶段吹氧时间应不低于2min，控制在4min以上最佳，但也不能过长，超过4min后脱磷效果已不再明显，如果脱磷阶段吹氧时间过长，脱碳阶段时间缩短，不利于脱碳阶段石灰等渣料的熔化。一般生产中脱磷阶段吹氧时间控制在4~6min。

6.3.2.2 钢液温度控制

研究温度对脱磷阶段脱磷的影响时，保证选择的炉次炉渣碱度、Fe_2O_3含量等相近，图6-13为脱磷阶段钢液温度对$\lg L_P$的影响趋势，图6-14为脱磷阶段钢液温度对钢液磷含量的影响趋势，图6-15为脱磷阶段钢液温度对脱磷率的影响趋势。可见，当温度为1280~1470℃之间时，温度对脱磷的影响为：随着温度的升高，钢液中磷含量先下降后升高，$\lg L_P$及脱磷率先升高后降低，总体上温度在1350~1400℃之间时，脱磷效果最好。

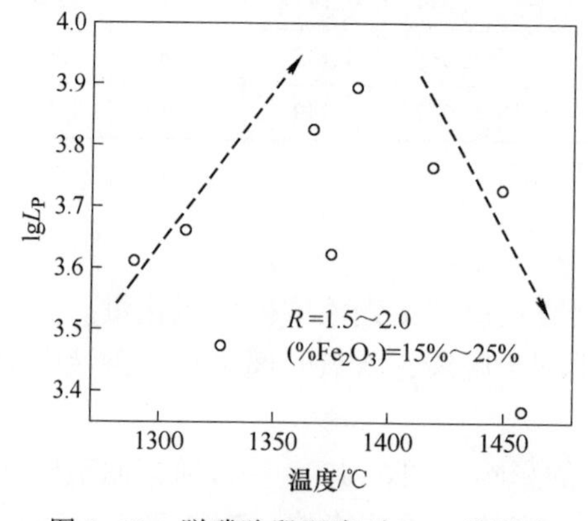

图6-13 脱磷阶段温度对$\lg L_P$的影响

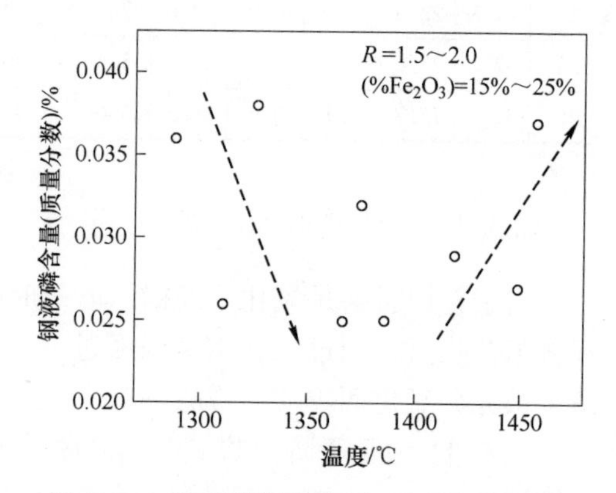

图6-14 脱磷阶段温度对［%P］的影响

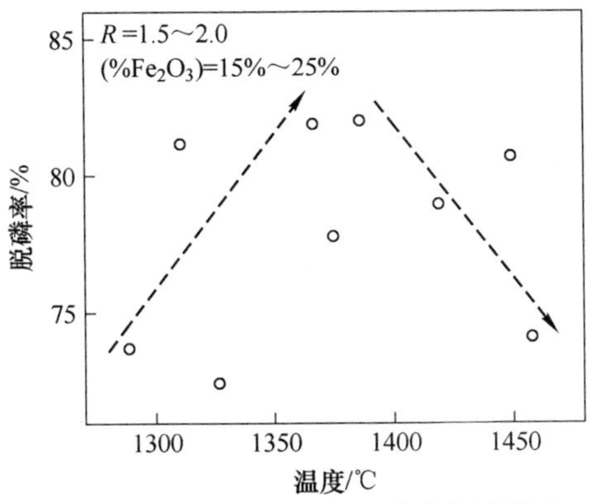

图 6-15 脱磷阶段温度对脱磷率的影响

6.3.2.3 炉渣成分控制

炉渣成分中影响脱磷效果的主要因素是炉渣碱度和 Fe_2O_3 含量。研究碱度对脱磷阶段脱磷的影响时，保证选择的炉次钢液温度、Fe_2O_3 含量等相近，图 6-16 为脱磷阶段炉渣碱度对 $\lg L_P$ 的影响趋势，图 6-17 为脱磷阶段炉渣碱度对钢液磷含量的影响趋势，图 6-18 为脱磷阶段炉渣碱度对脱磷率的影响趋势。可见，当炉渣碱度为 1 ~2.4 之间时，碱度对脱磷的影响为：随着碱度的升高，钢液中磷含量先下降后升高，$\lg L_P$ 及脱磷率先升高后降低，总体上碱度在 1.6 ~2.2 之间时，脱磷效果最好，与热态实验结果基本相符。

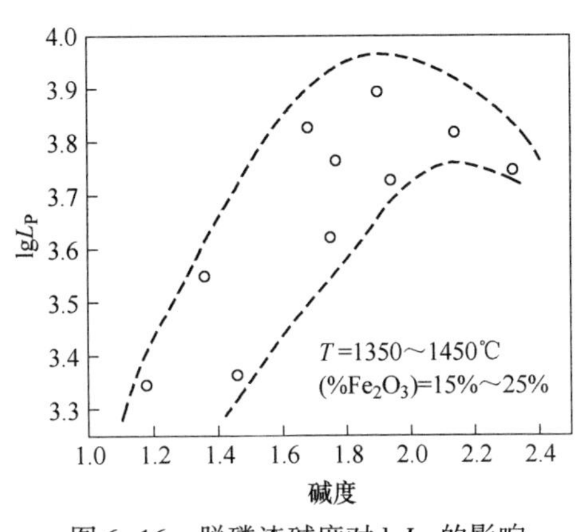

图 6-16 脱磷渣碱度对 $\lg L_P$ 的影响

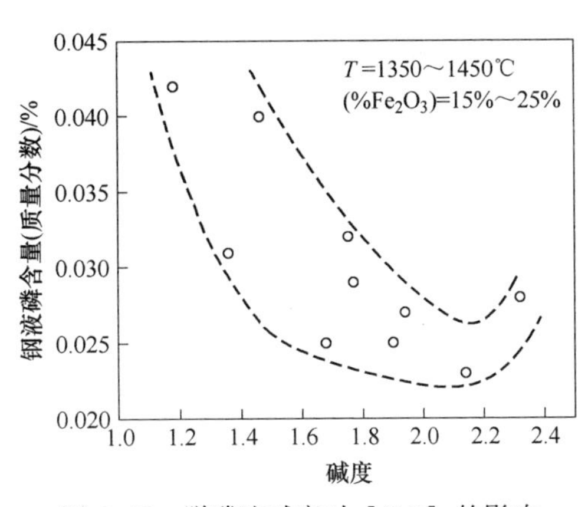

图 6-17 脱磷渣碱度对［%P］的影响

研究 Fe_2O_3 含量对脱磷阶段脱磷的影响时，保证选择的炉次钢液温度、炉渣碱度等相近，图 6-19 为脱磷阶段 Fe_2O_3 含量对 $\lg L_P$ 的影响趋势，图 6-20 为脱磷阶段 Fe_2O_3 含量对钢液磷含量的影响趋势，图 6-21 为脱磷阶段 Fe_2O_3 含量对脱磷率的影响趋势。可见，当 Fe_2O_3 含量（质量分数）在 12% ~32% 之间时，

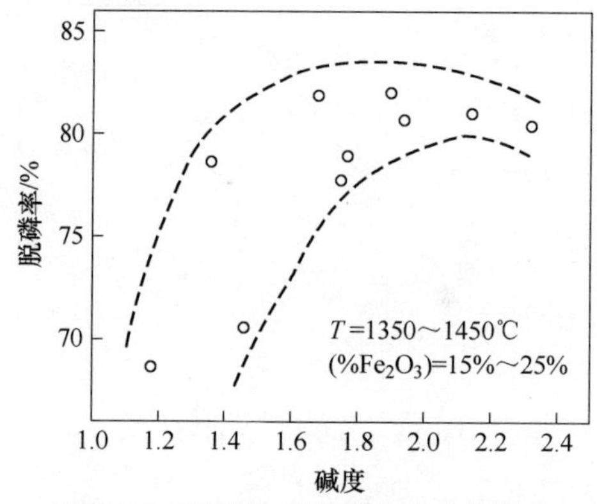

图 6-18 脱磷渣碱度对脱磷率的影响

Fe_2O_3 含量对脱磷的影响为：随着 Fe_2O_3 含量的升高，钢液中磷含量先下降后升高，$\lg L_P$ 及脱磷率先升高后降低，总体上 Fe_2O_3 含量（质量分数）在 20% ~ 25%之间时，脱磷效果最好。

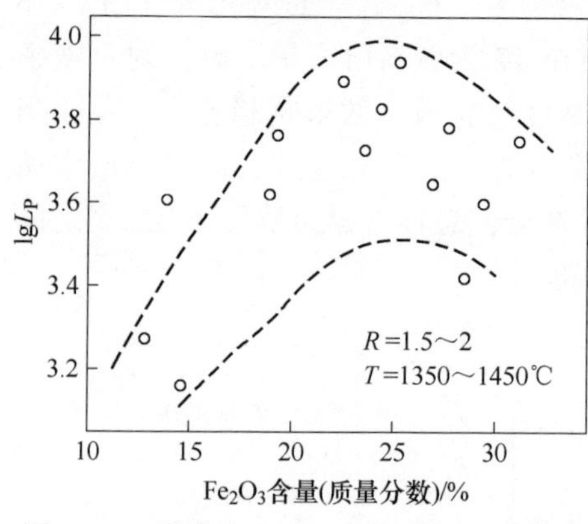

图 6-19 脱磷渣 Fe_2O_3 含量对 $\lg L_P$ 的影响

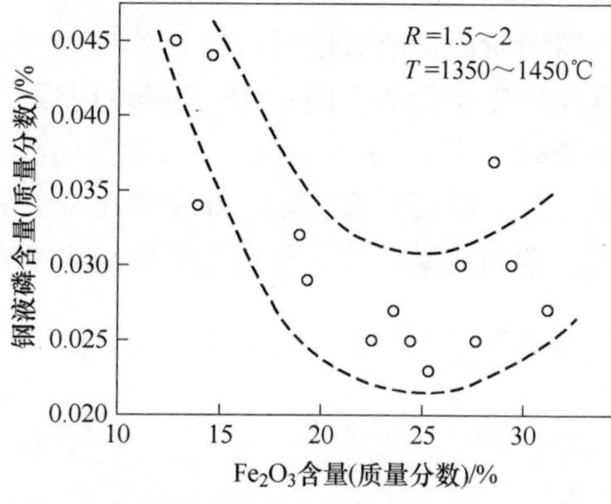

图 6-20 脱磷渣 Fe_2O_3 含量对［%P］的影响

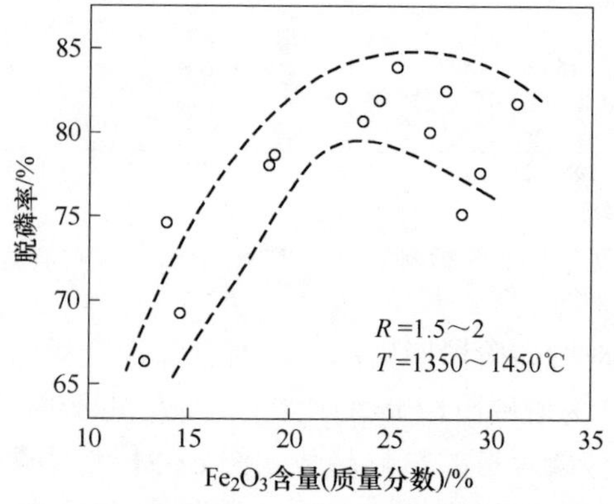

图 6-21 脱磷渣 Fe_2O_3 含量对脱磷率的影响

6.3.3 脱碳阶段控制条件

脱磷阶段能脱除大部分磷，脱碳阶段仍然需要完成脱磷任务，脱碳阶段结束后钢液磷含量直接决定了成品的磷含量，表6-6为试验炉次转炉终点生产记录数据及取样检测数据。

表6-6 试验炉次转炉终点生产及取样检测数据

炉号	终渣主要成分（质量分数）/%						终渣碱度	终点磷含量（质量分数）/%	温度/℃
	CaO	SiO_2	MgO	MnO	Fe_2O_3	P_2O_5			
1	44.2	10.4	6.3	2.8	28.5	2.9	4.27	0.008	1643
2	48.3	12.9	5.8	3.4	21.6	2.6	3.73	0.011	1655
3	48.7	11.2	6.1	2.6	24.3	2.5	4.36	0.01	1638
4	48.4	9.9	5.5	2.9	24.6	2.7	4.87	0.007	1629
5	47.2	10.5	6.7	2.5	25.7	2.3	4.48	0.01	1627
6	48.8	11.6	5.9	3.8	22.8	2.4	4.19	0.011	1669
7	43.0	9.6	7.8	2.8	27.3	3.2	4.5	0.006	1614
8	49.9	11.0	5.4	3.1	22.6	2.8	4.55	0.007	1630
9	45.4	10.8	6.4	3.3	25.9	2.4	4.22	0.01	1620
10	47.8	12.1	5.4	2.8	21.5	3.3	3.97	0.013	1666
11	42.9	13.1	6	2.5	27.9	2.1	3.26	0.012	1658
12	41.9	12.2	6.6	2.9	27.4	2.4	3.44	0.01	1661
13	44.2	11.2	7	2.1	25.7	2.8	3.93	0.009	1642
14	48.8	11.0	6.8	2.2	24	2	4.44	0.008	1654
15	50.1	11.5	6.5	3.7	19.7	2.6	4.34	0.015	1677
16	51.2	12.5	7.5	1.9	17.9	2.7	4.08	0.014	1652
17	51.4	13.2	5.4	2.2	19.1	2.7	3.88	0.013	1665
18	48.8	11.6	6.7	2.8	22.1	2.5	4.21	0.008	1640
19	47.5	12.1	6.6	3.5	21.8	2.1	3.94	0.012	1637
20	45.0	8.9	7.5	2.1	26.8	2.9	5.06	0.006	1631
21	46.2	10.5	5	2.9	26.5	2.8	4.41	0.015	1694
22	48.6	14.9	6	3.8	18.4	2.5	3.25	0.013	1647
23	50.9	15.4	5.2	2.5	18.2	1.8	3.3	0.014	1664
24	50.3	11.7	5.8	3.1	20.2	2.2	4.31	0.01	1628
25	49.4	12.7	6.2	2.7	19.6	2.6	3.89	0.01	1641

6.3.3.1 终点温度控制

研究终点温度对脱碳阶段脱磷的影响时，保证选择的炉次炉渣碱度、Fe_2O_3 含量等相近，图 6-22 为脱碳阶段终点温度对 $\lg L_P$ 的影响趋势，图 6-23 为脱碳阶段终点温度对钢液磷含量的影响趋势，图 6-24 为脱碳阶段终点温度对脱磷率的影响趋势。可见，与脱磷阶段不同，脱碳阶段终点温度对脱磷的影响为：随着温度的升高，钢液中磷含量升高，$\lg L_P$ 及脱磷率降低。因此，脱碳阶段转炉终点温度在满足生产需求的前提下越低越好。

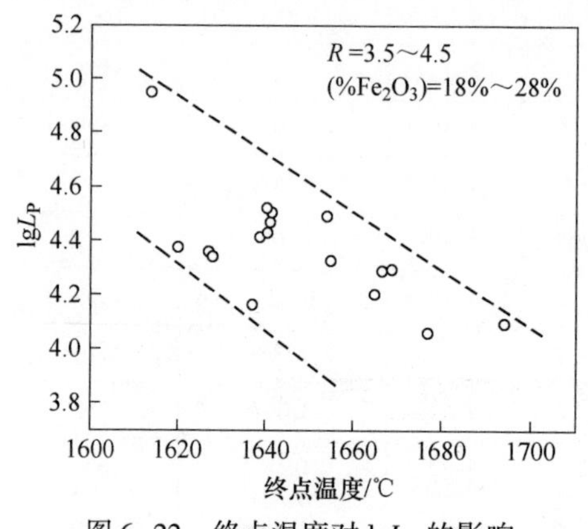

图 6-22 终点温度对 $\lg L_P$ 的影响

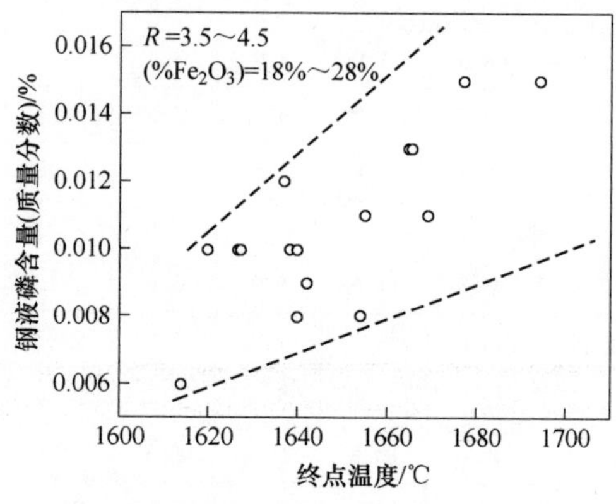

图 6-23 终点温度对［%P］的影响

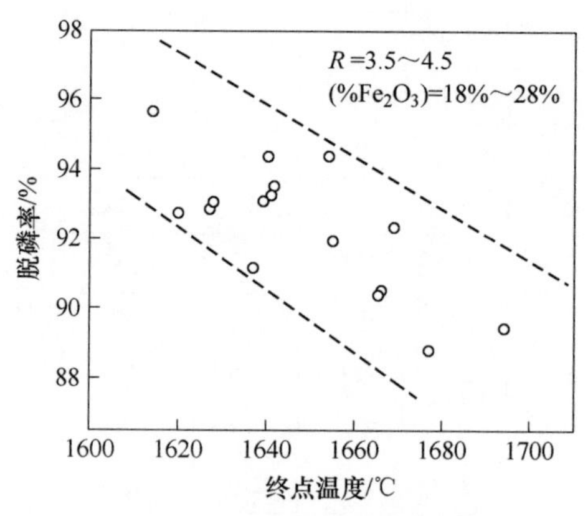

图 6-24 终点温度对脱磷率的影响

6.3.3.2 终渣成分控制

终渣成分中影响脱磷效果的主要因素同样是炉渣碱度和 Fe_2O_3 含量。研究终渣碱度对脱碳阶段脱磷的影响时，保证选择的炉次终点温度、Fe_2O_3 含量等相近，图 6-25 为脱碳阶段终渣碱度对 $\lg L_P$ 的影响趋势，图 6-26 为脱碳阶段终渣碱度对钢液磷含量的影响趋势，图 6-27 为脱碳阶段终渣碱度对脱磷率的影响趋势。可见，与脱磷阶段不同，脱碳阶段终渣对脱磷的影响为：随着碱度的升高，钢液中磷含量降低，$\lg L_P$ 及脱磷率升高。因此，脱碳阶段转炉终渣碱度越高越利于脱磷，但高碱度必然需要加入大量的渣料，生产成本增加，碱度应根据钢种的脱磷需求而定。

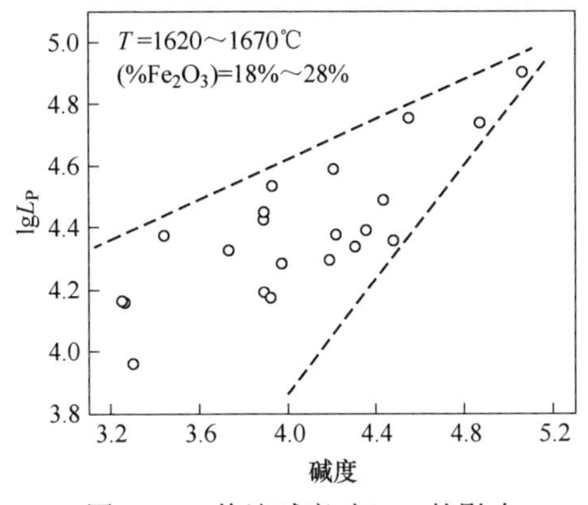

图 6-25 终渣碱度对 $\lg L_P$ 的影响

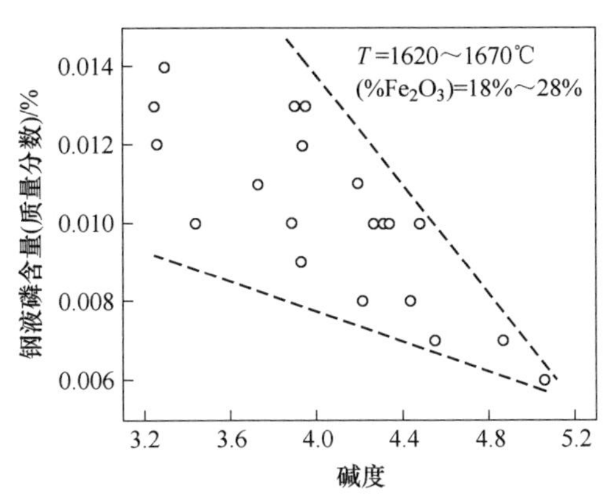

图 6-26 终渣碱度对［%P］的影响

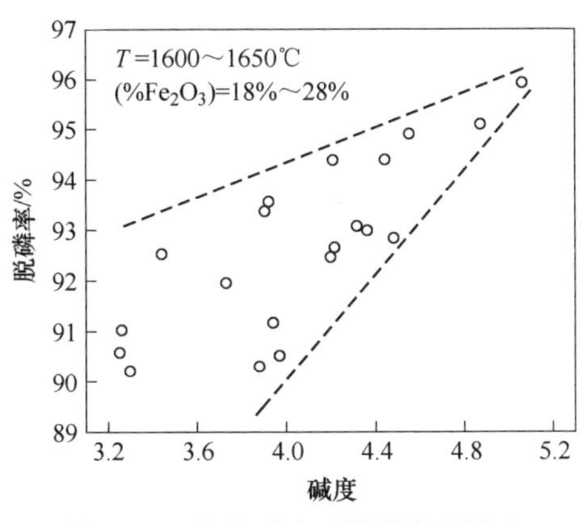

图 6-27 终渣碱度对脱磷率的影响

研究终渣 Fe_2O_3 含量对脱碳阶段脱磷的影响时，保证选择的炉次终点温度、终渣碱度等相近，图 6-28 为脱碳阶段 Fe_2O_3 含量对 $\lg L_P$ 的影响趋势，图 6-29 为脱碳阶段 Fe_2O_3 含量对钢液磷含量的影响趋势，图 6-30 为脱碳阶段 Fe_2O_3 含量对脱磷率的影响趋势。可见，与脱磷阶段不同，脱碳阶段 Fe_2O_3 含量对脱磷的影响为：随着 Fe_2O_3 含量的升高，钢液中磷含量降低，$\lg L_P$ 及脱磷率升高。因此，脱碳阶段转炉终渣 Fe_2O_3 含量越高越利于脱磷，但高 Fe_2O_3 含量必然造成大量的铁损，生产成本增加，终渣 Fe_2O_3 含量应根据钢种的脱磷需求而定。

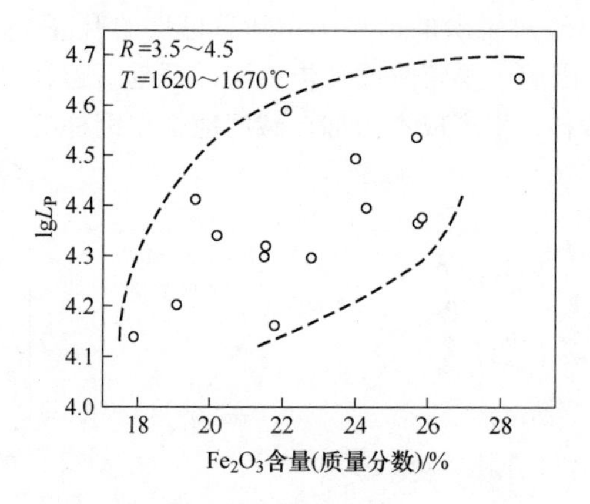

图 6-28 终渣 Fe_2O_3 含量对 $\lg L_P$ 的影响

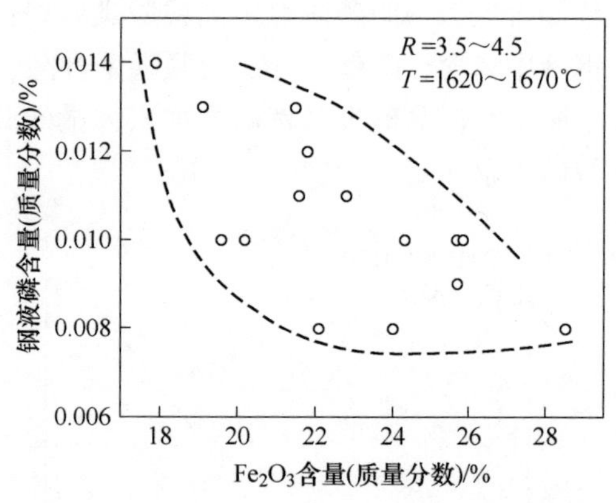

图 6-29 终渣 Fe_2O_3 含量对［%P］的影响

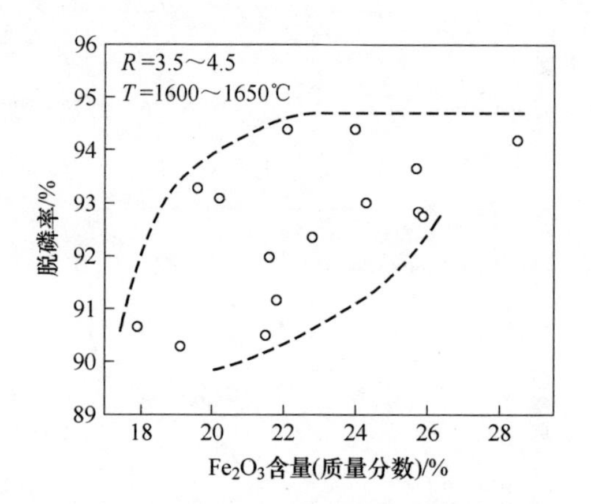

图 6-30 终渣 Fe_2O_3 含量对脱磷率的影响

6.3.4 两阶段脱磷反应对比

以上生产研究表明，脱磷阶段与脱碳阶段炉渣碱度等对脱磷的影响趋势存在明显差异，其中脱磷阶段炉渣碱度在 1.6～2.2 之间时能获得最佳的脱磷效果，而不是随着炉渣碱度的增加脱磷效果越好。传统脱磷理论认为，在炉渣碱度 6 以内，提高炉渣碱度有利于脱磷，显然脱磷阶段生产研究结果与传统热力学研究结果不一致。

Suito 等通过热力学平衡实验，在 $CaO-Fe_tO-SiO_2-MgO-MnO$ 渣系中得到了脱磷的经验公式：

$$\lg\frac{(\%P_2O_5)}{[\%P]^2(\%Fe_tO)^5}=0.145[(\%CaO)+0.3(\%MgO)-0.5(\%P_2O_5)+0.6(\%MnO)]+22810/T-20.506 \tag{6-2}$$

式中 $(\%X)$——渣相中 X 成分（质量分数），%；

$[\%X]$——铁水中 X 成分（质量分数），%。

将式（6-2）整理后可得如下表达式：

$$\lg L_P=\lg\frac{(\%P_2O_5)}{[\%P]^2}=0.145[(\%CaO)+0.3(\%MgO)-0.5(\%P_2O_5)+0.6(\%MnO)]+22810/T-20.506+5\lg(\%Fe_tO) \tag{6-3}$$

式中，L_P 为磷在渣钢间的平衡分配比，无量纲。

将脱磷阶段及脱碳阶段炉渣检测数据代入式（6-3），可得脱磷及脱碳阶段 $\lg L_P$ 热平衡值与实测值的比较图，如图 6-31 所示。

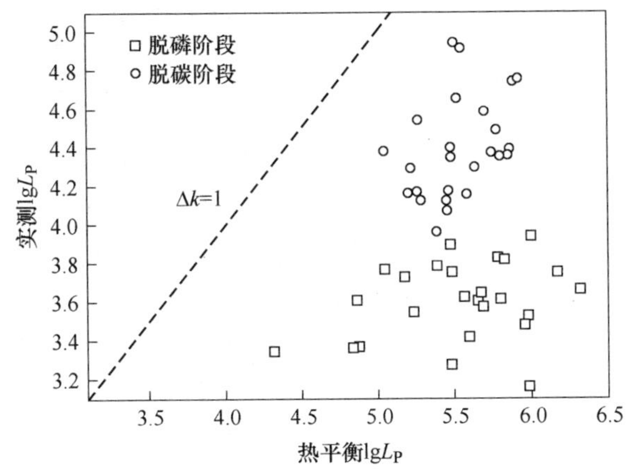

图 6-31 脱磷及脱碳阶段 $\lg L_P$ 热平衡值与实测值比较

由图 6-31 可见，脱磷阶段 $\lg L_P$ 热平衡平均值为 3.6，实测平均值为 5.5，两者相差 1.9；而脱碳阶段 $\lg L_P$ 热平衡平均值为 5.5，实测平均值为 4.0，两者相差 1.1。因此，脱磷阶段比脱碳阶段偏离热力学平衡线更远。

由图 6-32 可见，脱磷阶段 [%P] 热平衡平均值为 0.0041%，实测平均值为 0.032%，两者相差 0.0279%；而脱碳阶段 [%P] 热平衡平均值为 0.0028%，实测平均值为 0.0105%，两者相差 0.0077%。同样，脱磷阶段比脱碳阶段与热力学平衡值差距更大。

以上研究表明，转炉炼钢生产时，脱磷阶段和脱碳阶段都没有达到热力学平衡，但脱磷阶段与热力学平衡差距更大，也就是脱磷阶段远没有达到热力学上的平衡，因此，决定脱磷阶段脱磷效果的因素是多方面的，不能简单地使用传统热力学的研究结果，只有传统热力学研究结果与脱磷渣中磷的分配行为等因素结

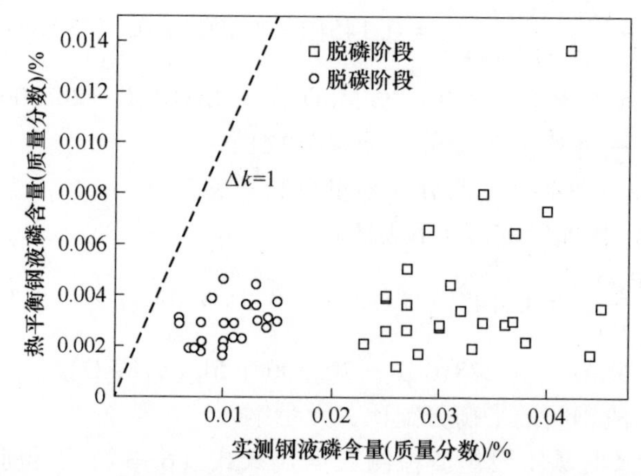

图 6-32 脱磷及脱碳阶段［%P］热平衡值与实测值比较

合，才能得到实际相符的研究结果。

6.4 留渣—双渣工艺经济效益

根据以上研究结果，该厂将留渣双渣工艺关键控制措施制定为：

（1）将白云石的加入量减少到 12kg/t，提高泡沫渣的流动性；控制合理的矿石加入量在 2～6kg/t，促进碳氧反应，获得更大泡沫渣体积；快速倒渣减少泡沫渣析液，倒渣时间不超过 4min。

（2）控制合理的转炉留渣量，留渣量为上炉终渣的 30%～60%。

（3）脱磷阶段最佳炉渣碱度为 1.6～2.2，最佳 Fe_2O_3 含量（质量分数）为 20%～25%，同时将脱磷阶段结束温度控制在 1350～1400℃，吹氧时间按 4～6min 控制。

（4）脱碳阶段根据钢种冶炼需求制定控制方案。

实施上述控制措施后，相对原双渣工艺取得了明显的经济效益，见表 6-7。

表 6-7 留渣双渣工艺经济效益

冶炼工艺	终点平均脱磷率/%	石灰消耗/kg·t^{-1}	白云石消耗/kg·t^{-1}	钢铁料消耗/kg·t^{-1}
双渣	92.8	48.7	20.6	1097
留渣双渣	92.2	35.9	13.5	1091

表 6-7 表明，采用优化后控制要点，在终点平均脱磷率与原双渣工艺基本相当，即脱磷效果几乎一致的前提下，留渣双渣工艺相对原双渣工艺石灰消耗由 48.7kg/t 下降到 35.9kg/t，降幅达 26.2%；白云石消耗由 20.6kg/t 下降到 13.5kg/t，降幅为 34.5%；钢铁料消耗由 1097kg/t 下降到 1091kg/t，降幅为 0.55%。

6.5 本章小结

本章小结如下：

（1）获得更大倒渣量的优化后方案为：将白云石的加入量减少到12kg/t，提高泡沫渣的流动性；控制合理的矿石加入量在2～6kg/t，促进碳氧反应，获得更大泡沫渣体积；快速倒渣减少泡沫渣析液，倒渣时间不超过4min。

（2）优化后平均倒渣量为62.9kg/t，优化前平均倒渣量为50.8kg/t，优化后平均倒渣量显著增加了12.1kg/t，优化前倒渣量主要分布区间为45～55kg/t，占比74.1%；而优化后主要分布区间为55～65kg/t，占比76.7%。

（3）控制合理的转炉留渣量，留渣量为上炉终渣的30%～60%。

（4）脱磷阶段最佳炉渣碱度为1.6～2.2，最佳Fe_2O_3含量（质量分数）为20%～25%，同时将脱磷阶段结束温度控制在1350～1400℃，吹氧时间按4～6min控制；脱碳阶段根据钢种冶炼需求制定控制方案。

（5）采用优化后控制要点，在终点平均脱磷率与原双渣工艺基本相当，即脱磷效果几乎一致的前提下，留渣双渣工艺相对原双渣工艺石灰消耗由48.7kg/t下降到35.9kg/t，降幅达26.2%；白云石消耗由20.6kg/t下降到13.5kg/t，降幅为34.5%；钢铁料消耗由1097kg/t下降到1091kg/t，降幅为0.55%。

7 结论与展望

7.1 结论

本书通过统计生产数据并进一步生产现场取样、物理模拟、热态实验、工业生产验证等方法，系统地研究了留渣双渣工艺倒渣及脱磷的关键技术，得出了以下结论：

（1）脱磷阶段结束倒渣量对吹氧时间有重要影响，控制渣中 TFe 含量对于降低钢铁料消耗尤为重要，脱磷阶段脱磷率越高，脱碳阶段脱磷负担越轻。

（2）钢液中碳氧反应形成的 CO/CO_2 气泡在浮力的作用下，从钢液进入渣中，由于气泡数量众多，气泡之间相互碰撞，两个相互碰撞的气泡液膜处产生压力差，达到临界厚度液膜破裂，气泡合并。气泡在不断碰撞长大的同时，气泡间的液相渣液不断析液，气泡间的渣液减少，气泡间的几何拓扑结构发生变化，气泡在浮力及下方新生成气泡的抬挤下不断上升，这样上方的气泡数量由于合并等因素越来越少，大气泡越来越多，渣液越来越少，下方由于大量气泡未来得及合并，小气泡相对更多，而渣液由于析液时间短，渣液量也较多。最终，形成了上部大气泡多、渣液少孔隙率高、下部小气泡多、渣液相对更多孔隙率低的泡沫渣。

（3）液滴平均沉降时间 $\overline{t_d}$，是关于 $\frac{\rho_s}{\rho_d}$ 及 $\left(\frac{\overline{r_d}}{g}\right)$ 的函数关系式：$\overline{t_d}=663N_d^{-0.45}\left(\frac{\rho_s}{\rho_d}\right)^{-16}\left(\frac{\overline{r_d}}{g}\right)^{0.5}$；液滴平均半径 $\overline{r_d}$ 是关于黏度比 $\frac{\eta_s}{\eta_d}$、密度比 $\frac{\rho_d}{\rho_s}$ 及 Eotvös 数的函数 $\overline{r_d}=1.06\left(\frac{\eta_s}{\eta_d}\right)^{-0.29}\left(\frac{\rho_s}{\rho_d}\right)^{-19.5}Eo_b^{1.28}r_b$；夹带率 M 是关于黏度比 $\frac{\eta_s}{\eta_d}$、密度比 $\frac{\rho_d}{\rho_s}$ Eotvös 数的函数 $M=1.6Eo_b^{1.37}\left(\frac{\eta_s}{\eta_d}\right)^{-3.87}\left(\frac{\rho_s}{\rho_d}\right)^{1.65}$。

（4）炉渣由基体相、富磷相及富铁相三相组成。其中，基体相主要由 $Ca_3MgSi_2O_8$ 相及 $Ca_2Fe_2O_5$ 相组成，另外还含有少量的磷和铁；渣中的磷主要以 C_2S-C_3P 固溶体形式存在于富磷相中；渣中的铁主要存在于富铁相中。从炉渣物相的角度分析，适宜的炉渣脱磷碱度为 1.5～2.0。

（5）留渣双渣工艺关键控制措施制定为：

1）将白云石的加入量减少到12kg/t，提高泡沫渣的流动性；控制合理的矿石加入量在2～6kg/t，促进碳氧反应，获得更大泡沫渣体积；快速倒渣减少泡沫渣析液，倒渣时间不超过4min。

2）控制合理的转炉留渣量，留渣量为上炉终渣的30%～60%。

3）脱磷阶段最佳炉渣碱度为1.6～2.2，最佳 Fe_2O_3 含量（质量分数）为20%～25%，同时将脱磷阶段结束温度控制在1350～1400℃，吹氧时间按4～6min控制，脱碳阶段根据钢种冶炼需求制定控制方案。

（6）采用优化后控制方案，在终点平均脱磷率与原双渣工艺基本相当的前提下，留渣双渣工艺相对原双渣工艺石灰消耗由48.7kg/t下降到35.9kg/t，降幅达26.2%；白云石消耗由20.6kg/t下降到13.5kg/t，降幅为34.5%；钢铁料消耗由1097kg/t下降到1091kg/t，降幅为0.55%。

7.2 展望

我国钢铁工业已从追求产量增长的阶段发展到追求质量效益最大化的阶段，留渣双渣工艺冶炼周期稍高于传统工艺，在满负荷生产的条件下使用该工艺可能导致产量下降。但当前国内钢铁行业普遍不能满负荷生产，产能利用率已不足80%，未来可能进一步下降，这给留渣双渣工艺的推广提供了广阔的发展契机，由于该工艺能显著降低转炉渣料消耗，在产能利用率不足时使用该工艺能明显降低生产成本，在不久的将来留渣双渣工艺可能会成为我国钢铁行业炼钢企业主流的转炉炼钢脱磷工艺。

参考文献

[1] Matsumiya T. Steel research and development in the aspect for a sustainable society [J]. Scandinavian Journal of Metallurgy, 2005, 34 (4): 256-267.

[2] Ogawa Y, Yano M, Kitamura S, et al. Development of the continuous dephosphorization and decarburization process using BOF [J]. Tetsu-To-Hagane, 2001, 87 (1): 21-28.

[3] Iwasaki M, Matsuo M. Change and development of steel-making technology [J]. Nippon Steel Technical Report, 2011 (391): 88-94.

[4] Kumakura M. Advances in the refining technology and the future prospects [J]. Nippon Steel Technical Report, 2012 (394): 4-9.

[5] Sasaki N, Ogawa Y, Mukawa S, at al. Improvement of hot metal dephosphorization technique [J]. Nippon Steel Technical Report, 2012, (394): 26-30.

[6] 万雪峰，李德刚，曹东，等.180t 复吹转炉单渣法深脱磷工艺的研究 [J]. 鞍钢技术, 2011 (2): 11-15.

[7] 焦玉莉.120t 复吹转炉单渣法高拉碳工艺 [J]. 钢铁, 2014, 49 (10): 30-33.

[8] 葛允宗，张本亮，王辉等.180t 复吹转炉单渣法冶炼低磷钢 SPHD 工艺实践 [J]. 宽厚板, 2014, 20 (2): 24-26.

[9] 高文芳，陈钢，王金平，等. 顶底复吹转炉高效脱磷研究 [J]. 钢铁, 2009, 44 (9): 36-41.

[10] 陈坤，黄正全，蒋世川，等. 中磷铁水单渣法生产高品质管坯钢工艺研究 [J]. 炼钢, 2010, 26 (1): 36-39.

[11] 熊磊，杨明，邓勇，等. 马钢 300t 转炉单渣脱磷工艺研究与实践 [C]. 2011 年华东五省炼钢学术交流会论文集，马鞍山，2011.

[12] 曹东，万雪峰，李德刚，等.100t 顶吹转炉单渣脱磷工艺的研究 [J]. 鞍钢技术, 2010 (6): 15-19.

[13] 万雪峰，李德刚，曹东，等.260t 复吹转炉单渣深脱磷工艺研究与实践 [J]. 炼钢, 2011, 27 (2): 1-5.

[14] 周朝刚，李晶，武贺，等. 转炉单双渣脱磷工艺试验 [J]. 钢铁钒钛, 2014, 35 (1): 101-106.

[15] 刘飞，管挺，杨肖. 沙钢转炉双渣冶炼低磷钢的工艺研究 [C]. 2012 年全国炼钢-连铸生产技术会论文集，重庆，2012.

[16] 管挺，孙凤梅，王建华. 转炉双渣冶炼工艺优化 [J]. 炼钢, 2015, 31 (3): 5-8.

[17] 万雪峰，曹东，李德刚，等. 鞍钢转炉双渣深脱磷工艺研究与实践 [J]. 钢铁, 2012, 47 (6): 32-36.

[18] 王步更，汤演波，李杰，等. 马钢转炉双渣法脱磷工艺生产实践 [J]. 冶金动力, 2014 (10): 84-90.

[19] 何肖飞，王新华，陈书浩，等. 攀钢转炉双渣法脱磷的试验研究 [J]. 钢铁, 2012, 47 (4): 32-36.

[20] 程晓文，刘志明，孙海波.120t 复吹转炉双渣法脱磷工艺的试验研究 [J]. 南方金属,

2015，(203)：10-13.
[21] 方宇荣，黄标彩，赖兆奕．复吹转炉单炉新双渣法脱磷工艺研究与应用 [J]. 炼钢，2014，30 (3)：1-4.
[22] 王海宝，徐莉，刘春明．复吹转炉双渣法生产低磷钢工艺实践 [J]. 四川冶金，2008，30 (4)：29-31.
[23] 武贺，李晶，周朝刚．120t 顶底复吹转炉双渣脱磷一次倒渣的工艺实践 [J]. 特殊钢，2013，34 (6)：30-32.
[24] 周朝刚，李晶，武贺，等．转炉双渣脱磷一次倒渣温度研究 [J]. 钢铁，2014，49 (3)：24-28.
[25] 胡晓光，李晶，武贺，等．复吹转炉双渣深脱磷工艺实践 [J]. 北京科技大学学报，2014，36 (1)：207-212.
[26] 廖鹏，侯泽旺，秦哲，等．复吹转炉双渣吹炼脱磷试验 [J]. 钢铁，2013，48 (1)：30-36.
[27] 张邹华，吕继平，王源，等．210t 转炉双渣法冶炼深冲钢 DC04 的脱磷工艺实践 [J]. 特殊钢，2015，36 (4)：52-54.
[28] 郭发军，徐志成，陆巧彤．青钢 80t 转炉脱磷影响因素分析及实践 [J]. 山东冶金，2009，31 (4)：34-36.
[29] 赵喜伟，闫忠．高磷铁水顶底复吹转炉双渣法冶炼工艺实践 [J]. 宽厚板，2014，20 (4)：20-23.
[30] 孙礼明．转炉双联法冶炼工艺及其特点 [J]. 上海金属，2005，27 (2)：44-46.
[31] 杜锋．铁水脱磷预处理工艺的发展 [J]. 上海金属，1999，21 (6)：16-20.
[32] 邵世杰．转炉双联法冶炼技术实践 [J]. 宝钢技术，2005 (4)：5-8.
[33] 刘皓铭，张进红，王硕明，等．京唐公司转炉双联冶炼工艺及技术指标 [J]. 河北联合大学学报，2012，34 (3)：23-26.
[34] 马勇，王晓峰．转炉双联法冶炼超低磷钢工艺研究 [J]. 鞍钢技术，2013 (3)：11-15.
[35] 王海华，杨文军，李海洋．200 吨转炉双联工艺脱磷试验研究 [C]. 第十八届全国炼钢学术会议论文集，西安，2014.
[36] 方震宇．双联炼钢工艺在 120 吨转炉的实践 [C]. 第十七届全国炼钢学术会议文集，杭州，2013.
[37] 曾兴富，方宇荣，黄标彩．复吹转炉两炉双联冶炼 65 钢工艺研究与应用 [J]. 炼钢，2014，30 (3)：5-8.
[38] 逯志方，朱荣，林腾昌．120t 转炉双联炼钢工艺脱磷试验研究 [J]. 工业加热，2012，41 (6)：53-55.
[39] 吕铭，胡滨，王学新．双联炼钢法的研究与实践 [J]. 炼钢，2010，26 (3)：8-12.
[40] 康复，陆志新．宝钢 BRP 技术的研究与开发 [J]. 钢铁，2005 (3)：25-28.
[41] 卢春生，陈骥，徐安军，等．转炉脱磷-脱碳冶炼工艺及其物流参数解析 [C]. “冶金工程科学论坛”论文集，北京，2005.
[42] 王新华，朱国森，李海波，等．氧气转炉“留渣+双渣”炼钢工艺技术研究 [J]. 中国冶金，2013，4 (23)：40-46.

[43] 朱国森，李海波，吕延春，等．首钢转炉“留渣-双渣”炼钢工艺技术开发与应用[C]．第九届中国钢铁年会论文集，北京，2013.
[44] 焦兴利，熊磊，邬琼，等．马钢300t转炉低成本“留渣+双渣”工艺的实践[C]．第十八届全国炼钢学术会议论文集，西安，2014.
[45] 李伟东，杨明，何海龙．转炉“留渣+双渣”少渣炼钢工艺实践[J]．鞍钢技术，2015，(5)：41-45.
[46] 杨剑洪，覃强，刘远．150t转炉留渣+双渣冶炼技术的优化[J]．柳钢科技，2014，(4)：5-8.
[47] 吕凯辉．转炉留渣双渣操作生产实践[J]．河北冶金，2014，(1)：38-41.
[48] 熊勇，王炜，欧阳泽林．90t转炉留渣双渣工艺钢中残余锰含量的控制[J]．特殊钢，2015，36 (5)：35-38.
[49] 邢建森，崔猛．“留渣+双渣”高效脱磷工艺的研究，天津冶金[J]．2015 (4)：27-29.
[50] 秦琪，龙广．50吨顶底复吹转炉留渣双渣操作生产工艺[J]．浙江冶金，2015，(3)：43-44.
[51] 丁瑞锋，冯士超，王艳红．转炉双渣法少渣炼钢工艺新进展及操作优化[J]．上海金属，2015，37 (5)：57-61.
[52] 黄希祜．钢铁冶金原理[M]．北京：冶金工业出版社，2006.
[53] 田志红，孔祥涛，蔡开科，等．BaO-CaO-CaF_2系渣用于钢液深脱磷能力[J]．北京科技大学学报，2005，27 (3)：294-297.
[54] 刘浏．超低磷钢的冶炼工艺[J]．特殊钢，2000，21 (6)：20-24.
[55] 李太全．高级别管线钢生产工艺及关键技术研究[D]．北京科技大学博士学位论文，2009.
[56] Sobandi A, Katayama H G, Momono T. Activity of phosphorus oxide in CaO-MnO-SiO_2-$PO_{2.5}$ (MgO, Fe_tO) Slags [J]. ISIJ Int., 1998, 38 (8): 781-788.
[57] Young, R W, Duffy J A, Hassall G J, et al. Use of optical basicity concept for determining phosphorus and sulphur slag-metal partitions [J]. Ironmaking & Steelmaking, 1992, 19 (3): 201-219.
[58] Mori T. On the phosphorus distribution between slag and metal [J]. Transactions of the Japan Institute of Metals, 1984, 25 (11): 761-771.
[59] 王新华．钢铁冶金-炼钢学[M]．北京：高等教育出版社，2007.
[60] Ide K, Fruehan R J. Evaluation of phosphorus reaction equilibrium in steelmaking [J]. Iron and Steelmaker, 2000, 27 (12): 65-70.
[61] Healy G W. A new look at phosphorus distribution [J]. J. Iron Steel Institute, 1970, 208 (7): 664-668.
[62] Balajiva K, Quarrell A G, Vajragupta P. A laboratory investigation of the phosphorus reaction in the basic steeling process [J]. J. Iron Steel Institute, 1946, 153 (2): 115-150.
[63] Balajiva K, Vajragupta P. The effect of temperature on the phosphorus reaction in the basic steeling process [J], J. Iron Steel Institute, 1947, 155 (6): 563-567.
[64] Suito H, Inoue R. Thermodynamic assessment of hot metal and steel dephosphorization with

MnO-containing BOF slags [J]. ISIJ Int., 1995, 35 (3): 258-265.

[65] Zhang X F, Sommerville L D, Tiger J M. An equation for the equilibrium distribution of phosphorus between basic slags and steel [J]. ISS Trans., 1985, 6 (1): 29-34.

[66] Turkdogan E T. Slag composition variations causing variations in steel dephosphorisation and desuiphurisation in oxygen steelmaking [J]. ISIJ Int., 2000, 40 (9): 827-832.

[67] Turkdogan E T. Assessment of P_2O_5 activity coefficients in molten slags [J]. ISIJ Int., 2000, 40 (10): 964-970.

[68] Sen N. Studies on dephosphorisation of steel in induction furnace [J]. Steel Research Int., 2006, 77 (4): 242-249.

[69] Gaskell D R. On the correlation between the distribution of phosphorus between slag and metal and the theoretical optical basicity of the slag [J]. Transactions ISIJ, 1982, 22 (12): 997-1000.

[70] Turkdogan E T, Pearson J. Activities of constituents of iron and steel making slags [J]. J. Iron Steel Institute, 1953, 175 (7): 393-401.

[71] Sobandi A, Katayama H G, Momono T. Activity of phosphorus oxide in CaO-MnO-SiO_2-$PO_{2.5}$ (MgO, Fe_tO) slags [J]. ISIJ Int, 1998, 38 (8): 781-788.

[72] Mori T. On the phosphorus distribution between slag and metal [J]. Transactions of the Japan Institute of Metals, 1984, 25 (11): 761-771.

[73] Basu S, Lahiri A K, Seetharaman S. A model for activity coefficient of P_2O_5 in BOF slag and phosphorus distribution between liquid steel and slag [J]. ISIJ Int., 2007, 47 (8): 1236-1238.

[74] 刁江. 中高磷铁水转炉双联脱磷的应用基础研究 [D]. 重庆大学博士学位论文, 2010.

[75] 杨文远, 王明林, 崔淑贤, 等. 炉渣的岩相研究在转炉炼钢中的应用 [J]. 钢铁研究学报, 2007, 19 (12): 10.

[76] 任允芙. 冶金工艺矿物学 [M]. 北京: 冶金工业出版社, 1996.

[77] 郝旭东. 宣钢转炉高效脱磷新工艺研究 [D]. 昆明理工大学硕士学位论文, 2009.

[78] 张勇. 用低压渗流法制备泡沫铝合金 [J]. 材料科学进展, 1993, 7 (6): 473-477.

[79] 许庆彦, 陈玉勇, 李庆春. 多孔泡沫金属的研究现状 [J]. 铸造设备研究, 1997 (1): 21.

[80] Shaw D J. 胶体与表面化学导论 [M]. 北京: 化学工业出版社, 1989.

[81] Szekely. 冶金中的流体流动现象 [M]. 北京: 冶金工业出版社, 1985.

[82] Aubert J H, Kraynik A M. Waessrige sehaeume spektrumder wissens chaft [M]. Berlin: 1986.

[83] 马世伟. 高钛型高炉渣泡沫化机理的研究 [D]. 重庆大学硕士学位论文, 2013.

[84] Sattar M A, Naser J, Brooks G. Numerical simulation of slag foaming on bath smelting slag (CaO - SiO_2 - Al_2O_3 - FeO) with population balance modeling [J]. Chemical Engineering Science, 2014, 107 (7): 165-180.

[85] Yamashita K, Sukenaga S, Matsuo M, et al. Rheological behavior and empirical model of simulated foaming slag [J]. ISIJ Int., 2014, 54 (9): 2064-2070.

[86] Lahiri A K, Seetharaman S. Foaming behavior of slags [J]. Metall. Mater. Trans. B, 2002, 33 (3): 499-502.

[87] Lotun D, Pilon L. Physical modeling of slag foaming for various operating conditions and slag

compositions [J]. ISIJ Int., 2005, 45 (6): 835-840.

[88] Ito K, Fruehan R J. Study on the foaming of $CaO-SiO_2-FeO$ slags: Part Ⅰ Foaming parameters and experimental results [J]. Metall. Mater. Trans. B, 1989, 20 (4): 509-514.

[89] Ito K, Fruehan R J. Study on the foaming of $CaO-SiO_2-FeO$ slags: Part Ⅱ. Dimensional analysis and foaming in iron and steelmaking processes [J]. Metall. Mater. Trans. B, 1989, 20 (4): 515-521.

[90] Ogawa Y, Tokumitsu N, Huin D, et al. Physical model of slag foaming [J]. ISIJ Int., 1993, 33 (1): 224-232.

[91] 张东力，王晓鸣，邹宗树，等. LF精炼渣发泡性能的实验研究 [J]. 钢铁研究学报，2003, 6 (15): 12-15.

[92] 李科. 泡沫金属发泡过程的泡沫演化动力学研究 [D]. 大连理工大学博士学位论文，2009.

[93] Glazier J A, Stavans J. Nonideal effects in the two-dimensional soap froth [J]. Physical Review A, 1989, 40 (12): 7398-7401.

[94] 牛强，储少军，吴铿，等. 冶金熔体泡沫演化中的转型 [J]. 北京科技大学学报，2000, 22 (2): 109-112.

[95] 崔阳，南晓东，冯军. 转炉吹炼末期泡沫渣高度控制技术 [J]. 炼钢，2010, 26 (1): 70-73.

[96] 卢凯，李具中. 炼钢用氧对转炉喷溅的影响 [J]. 炼钢，2009, 25 (6): 20-21.

[97] 孙丽媛. 非金属夹杂物在钢渣界面的去除行为研究 [D]. 北京科技大学博士学位论文，2013.

[98] 沈巧珍，杜建明. 冶金工业出版社 [M]. 北京：冶金工业出版社，2009.

[99] Shibata H, Emi T. In situ observation of metal and non-metallic inclusions and precipitates by confocal scanning laser microscope [J]. The Bulletin of the Japan Institute J of Metals, 1997, 36 (8): 809-813.

[100] Krepper E, Vanga B, Zaruba A, et al. Experimental and numerical studies of void fraction distribution in rectangular bubble columns [J]. Nuclear and Design, 2007, 237 (4): 399-408.

[101] Keene B J, Mills K C. Slag atlas [M]. Düsseldorf: Verlag Stahleisen GmbH, 1995.

[102] 杨宏博. 夹杂物穿越钢渣界面过程运动行为研究 [D]. 北京科技大学博士学位论文，2015.

[103] Garvie R C. The Occurrence of Metastable Tetragonal Zirconia as a Crystallite Size Effect [J]. The Journal of Physical Chemistry. 1965, 69 (4): 1238-1243.

[104] Ishihara K N, Maeda M, Shingu P H. The nucleation of metastable phases from undercooled liquids [J]. Acta Metallurgica, 1985, 33 (12): 2113-2117.

[105] Deo B, Halder J, Snoeijer B, et al. Effect of MgO and Al_2O_3 variations in oxygen steelmaking (BOF) slag on slag morphology and phosphorus distribution [J]. Ironmaking & Steelmaking, 2005, 32 (1): 54-60.

[106] Wu X R, Wang P, Li L S, et al. Distribution and enrichment of phosphorus in solidified BOF steelmaking slag [J]. Ironmaking & Steelmaking, 2011, 38 (3): 185-188.

[107] Fix W, Heymann H, Heinke R. Subsolidus relations in the system $2CaO \cdot SiO_2$-$3CaO \cdot P_2O_5$ [J]. Journal of American Ceramic Society, 1969, 52 (6): 346-347.

[108] Suito H, Inoue R. Behavior of phosphorous transfer from CaO-Fe_tO-P_2O_5 (-SiO_2) slag to CaO particles [J]. ISIJ International, 2006, 46 (2): 180-187.

[109] Matsuura H, Hamano T, Zhong M. Energy and resource saving of steelmaking process: Utilization of innovative multi-phase flux during dephosphorization process [J]. JOM, 2014, 66 (9): 1572-1580.

[110] Gao X, Matsuura H, Miyata M, et al. Phase equilibrium for the CaO-SiO_2-FeO-5mass% P_2O_5-5mass% Al_2O_3 system for dephosphorization of hot metal pretreatment [J]. ISIJ International, 2013, 53 (8): 1381-1385.

[111] Li J Y, Zhang M, Guo M, et al. Enrichment mechanism of phosphate in CaO-SiO_2-FeO-Fe_2O_3-P_2O_5 steelmaking slags [J]. Metall. Mater. Trans. B, 2014, 45 (5): 1666-1682.

[112] Ken-Ichi S, Shin-Ya K, Shibata H. Distribution of P_2O_5 between Solid Dicalcium Silicate and Liquid Phases in CaO - SiO - $2Fe_2O_3$ System [J]. ISIJ International, 2009, 49 (4): 505-511.

[113] Inoue R, Suito H. Mechanism of dephosphorization with CaO-SiO_2-Fe_tO slags containing mesoscopic scale $2CaO \cdot SiO_2$ particles [J]. ISIJ International, 2006, 46 (2): 188-194.

[114] Xie S L, Wang W L, Liu Y Z, et al. Effect of Na_2O and B_2O_3 on the distribution of P_2O_5 between solid solution and liquid phases slag [J]. ISIJ International, 2014, 54 (4): 766-773.

[115] Shin-Ya K, Saito S, Utagawa K, et al. Mass Transfer of P_2O_5 between Liquid Slag and Solid Solution of $2CaO \cdot SiO_2$ and $3CaO \cdot P_2O_5$ [J]. ISIJ International, 2009, 49 (12): 1838-1844.

[116] Xie S L, Wang W L, Luo Z C, et al. Mass Transfer Behavior of Phosphorus from the Liquid Slag Phase to Solid $2CaO \cdot SiO_2$ in the Multiphase Dephosphorization Slag [J]. Metall. Mater. Trans. B, 2016, 47 (3): 1583-1593.

[117] Yang X, Matsuura H, Tsukihashi F. Formation behavior of phosphorous compounds at the interface between solid $2CaO \cdot SiO_2$ and FeO_x-CaO-SiO_2-P_2O_5 slag at 1673K [J]. Tetsu-to-Hagané, 2009, 95 (3): 268-274.

[118] Yang X, Matsuura H, Tsukihashi F. Reaction behavior of P_2O_5 at the interface between solid $2CaO \cdot SiO_2$ and liquid CaO-SiO_2-FeO_x-P_2O_5 slags saturated with solid $5CaO \cdot SiO_2 \cdot P_2O_5$ at 1573K [J]. ISIJ International, 2010, 50 (5): 702-711.

[119] C. Nassaralla, R. J. Fruehan. Phosphate capacity of CaO-Al_2O_3 slags containing CaF_2, BaO, Li_2O or Na_2O [J]. Metallurgical Transaction B, 1992, 23B: 117.

[120] Shin-ichi Wakamatsu. Dephosphorization at hot metal pretreatment in a BOF vessel [J]. CAMP-ISU, 1996, 9: 864.

[121] 李辽沙，于学峰，余亮．转炉钢渣中磷元素的分布 [J]. 中国冶金，2007，17 (1): 42-45.

[122] 杨传举．济钢钢渣综合利用现状和建议 [J]. 中国资源综合利用，2004，12: 21-23.

[123] Boom R. Riaz S, Mills K C. Slags and fluxes entering the new millennium, an analysis of recent trends in research and development [J]. Ironmaking and steelmaking, 2005, 32

(1)：21-25.

[124] 塩見纯雄，等．転炉スラッグの脱燐［J］．鉄と鋼，1977，63（9）：1520-1527.

[125] 松下幸雄．鉄冶金学研究室の三十四年［J］．鉄と鋼，1980，66（12）：1704-1717.

[126] 尾野均等．転炉スラッグの相分離による有価成分的回収［J］．製鉄研究，1980，301：13395-13402.

[127] Morita K，Guo M，Oka N，et al. Resurrection of iron and phosphorus resource in steelmaking slags［J］. Journal of Material Cycles and Waste Management，2002，4：93-101.

[128] 王书植，吴艳青，刘新生，等．硅还原转炉熔渣气化脱磷实验研究［J］．钢铁，2008，43（2）：31-34.

[129] 崔虹旭，陈庆武，申莹莹，等．转炉钢渣除磷技术研究与现状［C］．第十四届冶金反应工程学学术会议论文集，2009：312-315.

[130] 崔虹旭，陈庆武，申莹莹，等．转炉钢渣磷富集与应用的技术研究［J］．中国冶金，2010，20（3）：35-38.

[131] Hideaki Suito R I. Behavior of phosphorous transfer from $CaO-Fe_tO-P_2O_5$（$-SiO_2$）slag to CaO particles［J］. ISIJ International，2006，46（2）：180-187.

[132] Shinya Fukagai，Tasuku Hamano，Fumitaka Tsukihashi. Formation reaction of phosphate compound in multi phase flux at 1573K［J］. ISIJ International，2007，47（1）：187-189.

[133] Ryo Inoue，Hideaki Suito. Phosphorous partition between $2CaO \cdot SiO_2$ Particles and $CaO-SiO_2-Fe_tO$ Slags［J］. ISIJ International，2006，46（2）：174-179.

[134] 王楠，梁志刚，陈敏，等．$CaO-SiO_2-Fe_tO-P_2O_5$ 渣中磷的富集行为［J］．东北大学学报（自然科学版），2011（6）：814-817.

[135] 武杏荣，安吉南，陈荣欢，等．转炉钢渣中磷的富集与富磷相长大［J］．安徽工业大学学报（自然科学版），2010（3）：233-237.

[136] 王楠，申莹莹，田振，等．$CaO-SiO_2-Fe_tO-P_2O_5$ 渣中磷的富集行为［C］．第十四届冶金反应工程学学术会议论文集，2010.